StudyHelp

StudyHelp

Technische Mechanik 1 - Statik
von Kraft bis Reibung

StudyHelp GmbH, Paderborn
WWW.STUDYHELP.DE

1. Auflage

Autor: Marius Wittke, Carlo Oberkönig und Daniel Weiner

Redaktion & Satz: Carlo Oberkönig
Kontakt: verlag@studyhelp.de
Umschlaggestaltung, Illustration: StudyHelp GmbH

ISBN 978-3-947-**50629**-3

Inhalt

Vorwort

Statik ist für angehende Ingenieurinnen und Ingenieure oft der erste Kontakt mit Kräften, die in Systemen wirken. Wem die Statik nicht aus dem Physikunterricht der Schule bekannt ist, der muss sich erst an Gleichgewichtsbedingungen gewöhnen, mit denen wir es hier zu tun haben. Trotzdem legt die Statik für den beruflichen Alltag wichtige Grundlagen zum Verhalten aller möglichen technischen Systeme, die Lasten ertragen. Statik ist damit ein wichtiger Baustein für die Ausbildung von Ingenieurinnen und Ingenieuren!

Dieses 75 Seiten starke Lernheft ist eine prägnante und leicht verständliche Möglichkeit, dich mit den üblichen Aufgabenstellungen der *Statik*, was wir als Technische Mechanik 1 definieren, bekannt zu machen. Von der ersten Definition der Kraft über die Lagerung von Systemen bis zu den in Systemen wirkenden Belastungen erfährst du alles, was du für die Klausurvorbereitung benötigst.

Alle Kapitel sind ergänzt um Abbildungen, Beispiele und Videos. Die Videos greifen den Inhalt des Kapitels an gegebener Stelle auf, vertiefen ihn anhand von Beispielen und bieten ausführliche Lösungen für die 22 gestellten Aufgaben. Insgesamt 66 Videos sind über einen QR-Code direkt erreichbar und verweisen auf eines unserer beliebten Videos auf YouTube.

zur TM1-Playlist

Wir wünschen dir viel Erfolg für die Klausurvorbereitung mit unserem Heft und hoffen, dass dich der Inhalt überzeugt. Sollte sich doch mal ein Fehler eingeschlichen haben, würden wir uns freuen von dir darauf hingewiesen zu werden. Natürlich freuen wir uns auch über allgemeines Feedback!

Feedback

Paderborn im September 2020,

Marius | Carlo | Dan

Marius | Carlo | Dan

1 Grundlagen der Statik

In diesem Kapitel lernst du...

- was eine Kraft ist und wie wir sie beschreiben können,
- wie Kräfte in einem statischen System wirken und
- wie wir diese Kräfte berechnen können.

1.1 Was ist eine Kraft?

In der Statik beschäftigen wir uns mit Kräften, die auf Körper wirken. Das Fach heißt Statik, weil diese Kräfte die Körper nicht bewegen (lat. „stare", stehen). Wir müssen uns zu Beginn klarmachen, was eine Kraft überhaupt ist. Was Kräfte angeht, hat Sir Isaac Newton die Menschheit seinerzeit ein ganzes Stück nach vorne gebracht:

> *„Eine angebrachte Kraft ist das gegen einen Körper ausgeübte Bestreben, seinen Zustand zu ändern, entweder den der Ruhe oder der gleichförmigen Bewegung."*

Eine Kraft ist also etwas, das den Zustand eines Körpers verändert. Wir stellen uns vor, dass wir gegen einen Körper eine Kraft aufbringen, ohne dass der Körper sich dadurch bewegen kann. Das ist der Fall, wenn wir uns auf eine Bank setzen oder dieses Heft auf den Schreibtisch legen. Der Körper muss die aufgebrachte Kraft (im Beispiel die Kraft infolge der Masse des Sitzenden oder des Heftes) also ertragen.

Um Kräfte zu beschreiben, nutzen wir Vektoren. Ein Vektor zeigt an, wie viel Kraft in welche der drei Richtungen des Raumes ausgeübt wird:

$$\vec{F} = \begin{pmatrix} F_x \\ F_y \\ F_z \end{pmatrix}$$

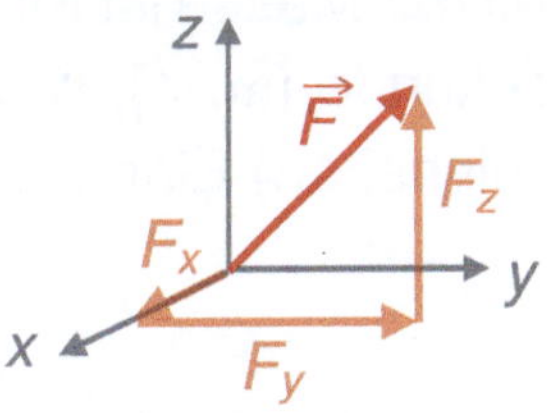

Zu Beginn werden wir zweidimensionale Kräfte behandeln, die in der Ebene wirken. Eine Kraft braucht zur vollständigen Definition folgende Dinge:

- Einen **Angriffspunkt** an dem Körper, an dem die Kraft wirkt.
- Eine **Richtung**, in der sie wirkt (Wirkungslinie).
- Einen **Betrag**, mit dem sie wirkt.

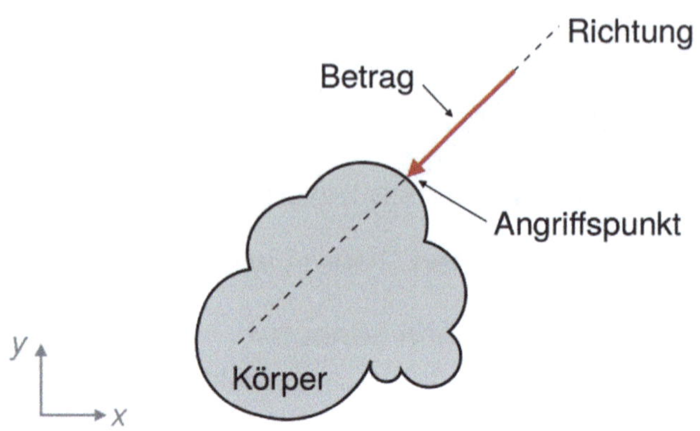

Kräfte wirken entlang einer Wirkungslinie. Dabei können sie entlang ihrer Wirkungslinie verschoben werden, ohne dass sich ihre Wirkung ändert.

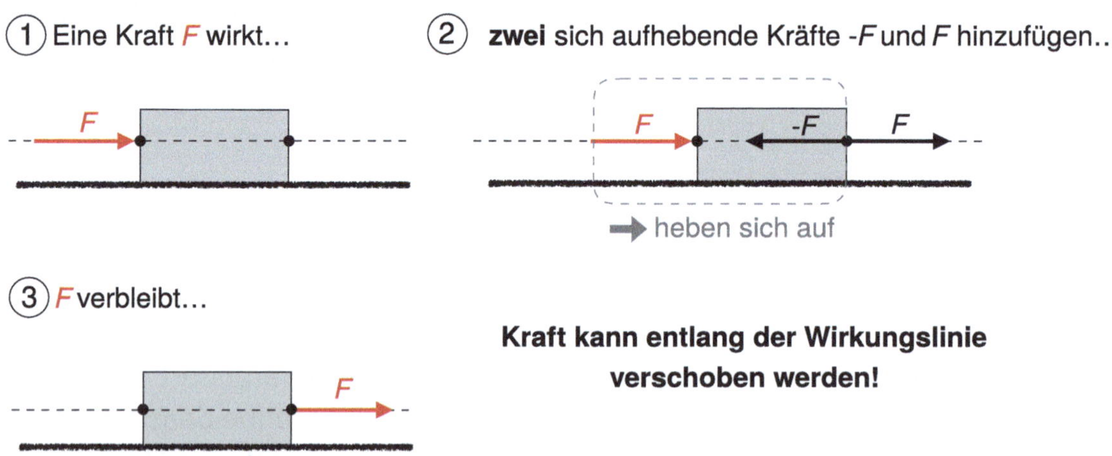

Wir müssen uns die physikalische Definition der Kraft merken. Eine Kraft F ist definiert als die Masse m multipliziert mit ihrer Beschleunigung a:

$$F = m \cdot a$$

Die Einheit der Masse ist Kilogramm [kg] und die der Beschleunigung ist Meter pro Quadratsekunde [$\mathrm{m/s^2}$], wodurch sich die Einheit der Kraft in *SI* (Internationale Standardeinheiten) Einheiten ergibt:

$$F \left[\frac{kg \cdot m}{s^2} = N\right]$$

Die Einheit der Kraft ist Newton [N], wie wir in der Gleichung sehen können. In der Statik haben wir es zunächst mit Gewichtskräften zu tun. Diese entstehen, weil jede Masse aufgrund der Erdbeschleunigung zum Erdkern hin beschleunigt wird. Da wir jedoch nicht im Boden versinken, setzt uns der Boden eine Kraft entgegen. Diese Kraft wird als Normalkraft bezeichnet.

Fassen wir zusammen: Ich stehe auf dem Boden und es wirkt eine Erdbeschleunigung g, die mich mit einer Gewichtskraft F_G Richtung Erdkern bewegt:

Gewichtskraft berechnen

$$F_G = m \cdot g$$

Da ich nicht im Boden versinke, muss dieser Kraft etwas entgegenwirken. Dies ist die Normalkraft F_N, die

- entgegengesetzt zur Gewichtskraft,
- mit gleichem Betrag

wirkt und mich auf dem Boden hält. Das können wir uns wie folgt vorstellen:

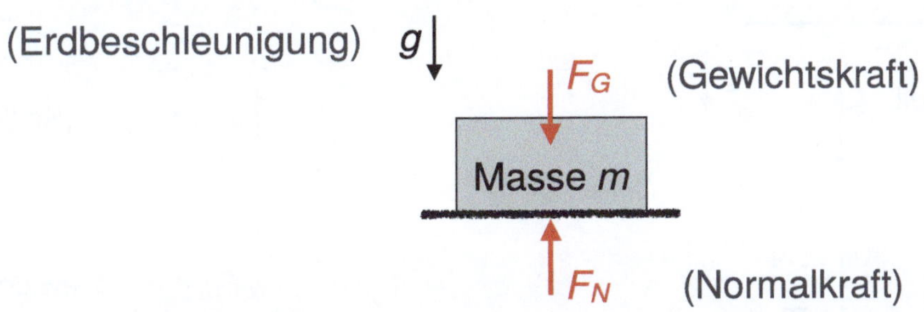

Damit erklärt sich, warum Astronauten auf dem Mond meterweit aus dem Stand springen können: die Beschleunigung des Mondes (die „Mondbeschleunigung") ist viel geringer, als die Erdbeschleunigung. Dazu ein **Beispiel**:

Ein Astronaut wiegt 80 kg. Bei einer Erdbeschleunigung von $g = 9{,}81\ m/s^2$ ergibt das eine Gewichtskraft von

$$F_G = 80\ kg \cdot 9{,}81\ \frac{m}{s^2} = 784{,}8\ N$$

Die Mondbeschleunigung beträgt etwa $g_{Mond} = 1{,}64\ m/s^2$, damit ist die Gewichtskraft des Astronauten dort nur noch etwa $F_{G,Mond} = 131{,}2\ N$. Das bedeutet, dass der Astronaut nur noch etwa 1/6 seiner Masse im Vergleich zur Erde spürt. Wie weit kann ein erwachsener Mensch mit gesunder Muskulatur springen, wenn er plötzlich nur noch 13,3 kg „wiegt"?

Manchmal haben wir es in der Statik mit sehr schweren Massen wie denen von Brücken oder Häusern zu tun. Da ist es hilfreich, nicht mit tausenden von Newton zu rechnen. Wir definieren deshalb Kilonewton [kN]:

$$1\ \text{kN} = 1000\ \text{N}$$

Eselsbrücke: *kilos* bedeutet tausend auf griechisch. Deshalb entsprechen 1000 Gramm einem Kilogramm!

Im nächsten Schritt führen wir nun die sogenannten Freikörperbilder ein.

1.2 Das Freikörperbild

Schnittprinzip

Mit Hilfe eines Freikörperbildes (oder Freischnitts) können wir die in einem System wirkenden Kräfte „offenlegen". Als System bezeichnen wir eine Gruppe an Massen (oder eine einzelne Masse), die irgendwie in der Umgebung vorhanden sind und Kräfte ertragen müssen. Um davon eine Vorstellung zu bekommen, hängen wir einen schweren Stein an ein masseloses Seil und binden dieses an der Decke fest.

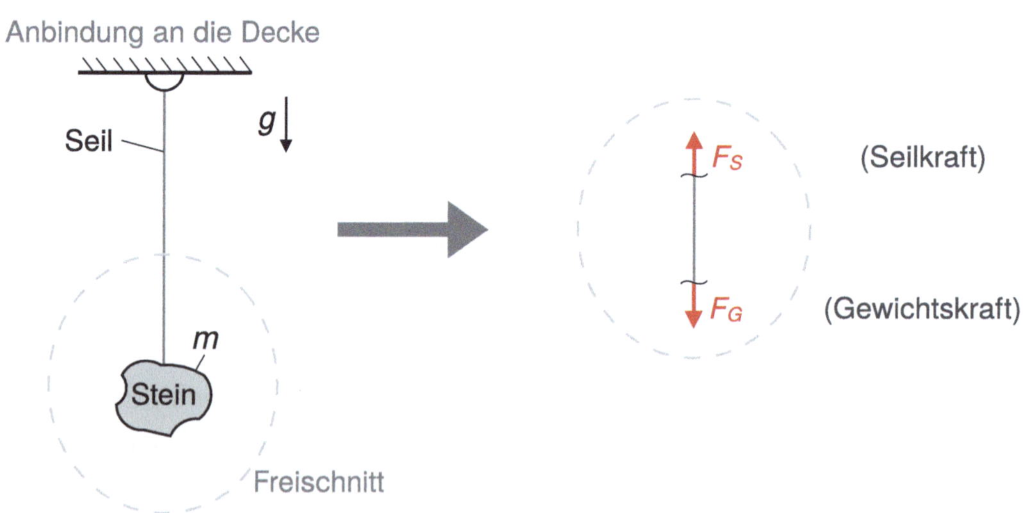

Welche Kräfte wirken an dem Stein? Aufgrund der Erdbeschleunigung wirkt eine Gewichtskraft, die den Stein nach unten zieht. Er bewegt sich jedoch nicht, wenn das Seil ausreichend fest ist. Das Seil erträgt also auch eine Kraft. Solche Kräfte werden wir in diesem Heft immer als Seilkräfte bezeichnen. Wir „schneiden" nun gedanklich das Seil durch und zeichnen die durch diesen Schnitt erkennbaren Kräfte an den Stein.

Dieses Bild wird als **Freikörperbild** oder **Freischnitt** bezeichnet. Dabei unterscheiden wir Kräfte wie folgt:

- **eingeprägte Kräfte**, aufgrund physikalischer Effekte wie z.B. der Erdanziehung
- **Reaktionskräfte**, die aufgrund eingeprägter Kräfte entstehen, wie z.B. die Seilkraft

Wie ist die Situation an der Decke? Das Seil bleibt trotz der in ihm wirkenden Kraft dort hängen (wenn der Dübel hält), also müssen auch hier Kräfte wirken. Da wir im Freikörperbild die Seilkraft am Stein bereits als nach oben wirkend angenommen haben, muss die Seilkraft im Freikörperbild rund um die Deckenaufhängung entgegenwirken. Dort wirkt sie also noch nach unten. Warum ist das so?

Das Seil bewegt sich nicht, denn es hängt straff an der Decke. Die im Seil wirkenden Kräfte sind also im Gleichgewicht. Das Gegenteil ist der Fall, wenn eine große und eine kleine Kraft entgegengesetzt gegen eine Kiste drücken: sie bewegt sich dann. In der Statik sind Reaktionskräfte in Seilen **im Gleichgewicht** und sie **wirken entgegensetzt** in verschiedenen Freikörperbildern.

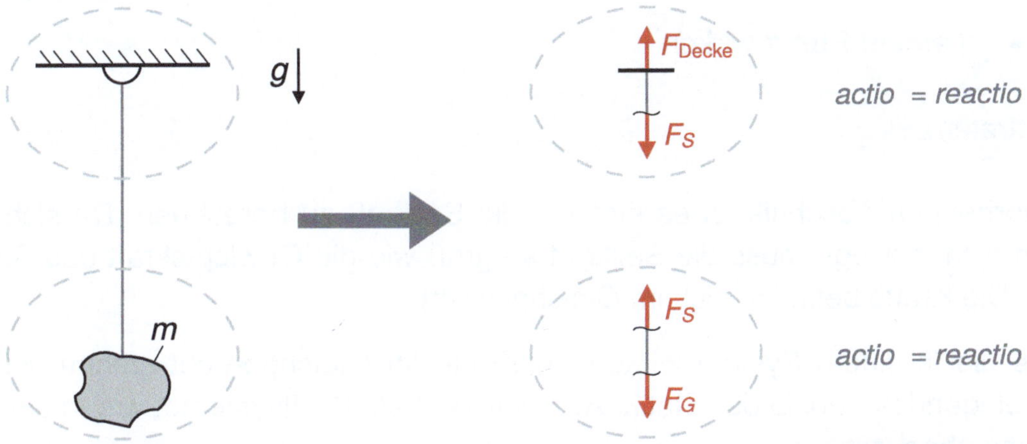

Dieser Umstand wird durch das dritte Newtonsche Gesetz beschrieben (die ersten beiden benötigen wir für die Statik nicht):

> *Kräfte treten immer paarweise auf. Übt ein Körper A auf einen anderen Körper B eine Kraft aus (actio), so wirkt eine gleich große, aber entgegengerichtete Kraft von Körper B auf Körper A (reactio).*

„Aktion gleich Reaktion“ können wir uns als Kurzform merken. Im nächsten Schritt schauen wir uns an, was passiert, wenn wir den Stein an zwei Seilen aufhängen.

1.3 Zentrale Kraftsysteme

Ebene zentrale Kraftsysteme

Wenn wir den Stein an der Decke mit zwei Seilen befestigen, wirken drei Kräfte am Stein: zwei Seilkräfte (auf unterschiedlichen Wirkungslinien) sowie die Gewichtskraft des Steins aufgrund seiner Masse. Schneiden wir den Stein frei, sieht das wie folgt aus:

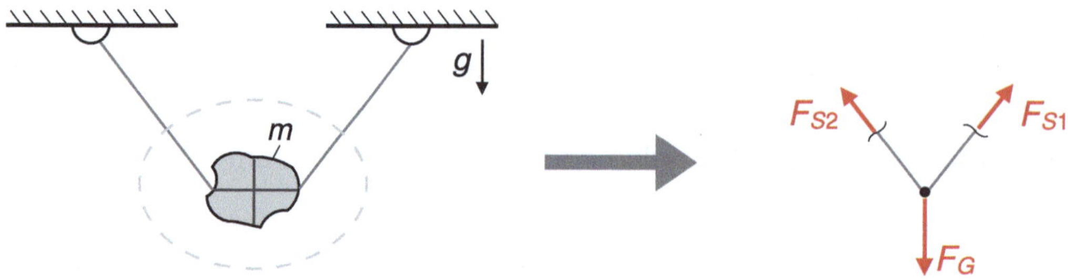

> Ein solches System bezeichnen wir als **zentrales Kraftsystem** bei dem
>
> - mindestens **zwei Kräfte**
> - an **einem Punkt** wirken
>
> auftreten.

Im vorherigen Abschnitt ist es einfach, die Seilkraft zu berechnen. Da sich der Stein nicht bewegt, muss die Seilkraft so groß wie die Gewichtskraft des Steins sein. Die Kräfte befinden sich im Gleichgewicht.

Dass die in einem System wirkenden Kräfte im Gleichgewicht stehen, ist ein grundlegendes Prinzip der Statik. Auch für zentrale Kraftsysteme, wie in der Abbildung oben, gilt:

Die Summe der im System wirkenden Kräfte ist Null!

Da wir die Orientierung der Kräfte berücksichtigen, heben sich entgegengesetzt wirkende Kräfte gleichen Betrags auf. Dieses Prinzip der Statik machen wir uns zunutze, um unterschiedliche Fragestellungen rund um zentrale Kraftsysteme zu lösen.

1.3.1 Fall 1: Beträge der Kräfte gesucht

Im Abschnitt 1.1 haben wir gesehen, dass eine Kraft durch einen Vektor beschrieben wird. Der Vektor zeigt die Richtung der Kraft an (in der Ebene eine horizontale und eine vertikale Komponente); der Betrag des Vektors zeigt, wie groß die Kraft ist.

Für unser Beispiel mit den zwei Seilen könnte also durch einen Winkel der Seile zum Stein eine Richtung der Seilkräfte gegeben sein. Wenn zusätzlich der Betrag der Gewichtskraft bekannt ist, können wir den Betrag der Seilkräfte bestimmen. Hierzu nutzen wir ein zeichnerisches Verfahren!

Beträge gesucht

1. Wir zeichnen einen **Freischnitt mit allen bekannten Beträgen und Kräften.** Dabei ist es wichtig, maßstabsgerecht zu arbeiten. Wir setzen im Beispiel 25 N der Länge eines Kästchens[1] gleich. Gegeben: F_G = 50 N, $\alpha = \beta = 45°$.

zu 1.

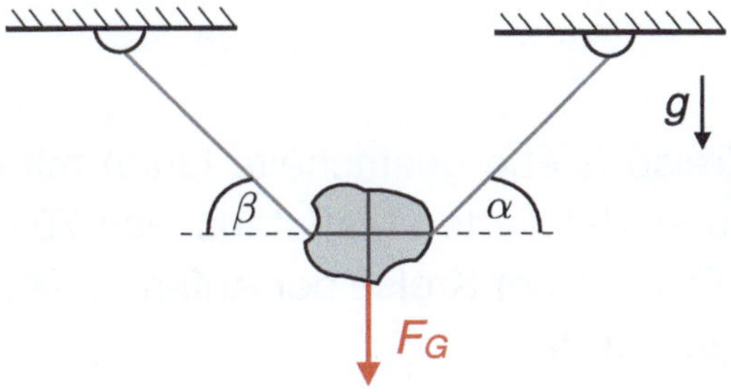

zu 2.

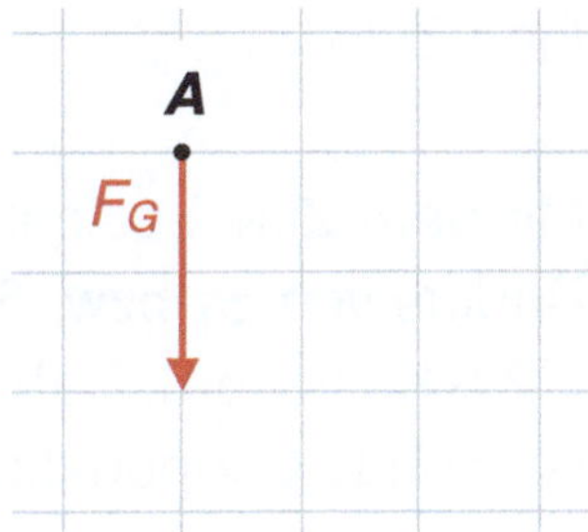

2. Wir zeichnen ein **Kräftepolygon.** Ein Polygon ist ein Vieleck, dessen Kanten durch die Wirkungslinien der Kräfte vorgegeben sind. In diesem Beispiel beginnen wir mit der Gewichtskraft, deren Betrag und Richtung bekannt ist.
3. Nun zeichnen wir die **Wirkungslinien der Seilkräfte** ein. Achtung: In der Statik ist die Summe aller Kräfte Null. Das bedeutet, dass sich die Wirkung aller Kräfte aufhebt. Deshalb muss das Kräftepolygon so gezeichnet werden, dass es geschlossen wird. Dafür zeichnen wir, ausgehend vom Anfangs- (*A*) und vorläufigem Endpunkt (*E'*) der bekannten Kraft, die Wirkungslinien der gesuchten Seilkräfte ein.
4. Nun **schließen wir das Kräftepolygon: *A* = *E*.** Durch den Schnittpunkt der Wirkungslinien ergibt sich der Betrag der gesuchten Kräfte! Dafür messen wir die Länge der unbekannten Seilkräfte und rechnen gemäß des vorher definierten Maßstabs um: $S_1 = S_2 \approx 35$ N.

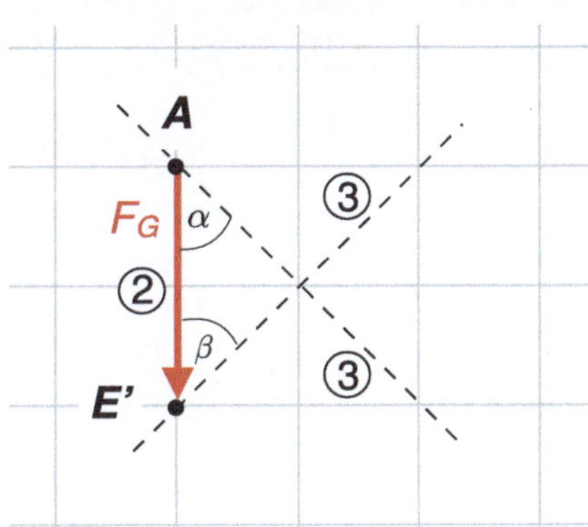

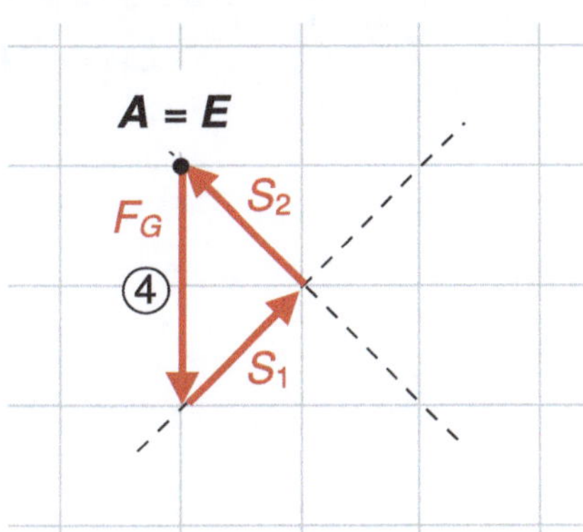

[1] Zur Vereinfachung arbeiten wir hier mit Kästchen. Ihr solltet der Kraft immer eine Länge zuordnen, z.B. 25 N = 1 cm

Es kann jedoch sein, dass die Beträge der Kräfte bekannt sind. Dann besteht die Aufgabe darin, die Wirkungslinien zu bestimmen.

1.3.2 Fall 2: Wirkungslinien der Kräfte gesucht

Winkel gesucht

Gegeben sind: F_G = 100 N, S_1 = S_2 = 70 N. Gesucht sind die Wirkungslinien der Kräfte. Wichtig dabei ist wieder, einen Maßstab festzulegen. Wir setzen wieder 25 N einem Kästchen gleich. Auch hier müssen wir ein Kräftepolygon zeichnen. Wir beginnen mit Schritt 1 und 2 aus dem obigen Vorgehen. Anschließend benötigen wir einen Zirkel.

3. Mit dem Zirkel zeichnen wir zwei Kreise (siehe gestrichelte Linie) mit dem Radius von S_1 bzw. S_2 (gemäß unseres definierten Maßstabs also 70 ÷ 25 = 2,8 Kästchen). Dabei sind die Mittelpunkte der Kreise der Anfangs- (A) und vorläufige Endpunkt (E') der bekannten Kraft.
4. Die Kreise schneiden sich in zwei Punkten. Wir verbinden die Schnittpunkte mit den Mittelpunkten der beiden Kreise und erhalten daraus die Wirkungslinien der gesuchten Kräfte. Es ist dabei ausreichend, sich nur einen Schnittpunkt der Kreise anzuschauen. Wir sehen, egal welchen Schnittpunkt wir wählen, dass wir das gleiche Ergebnis erhalten!

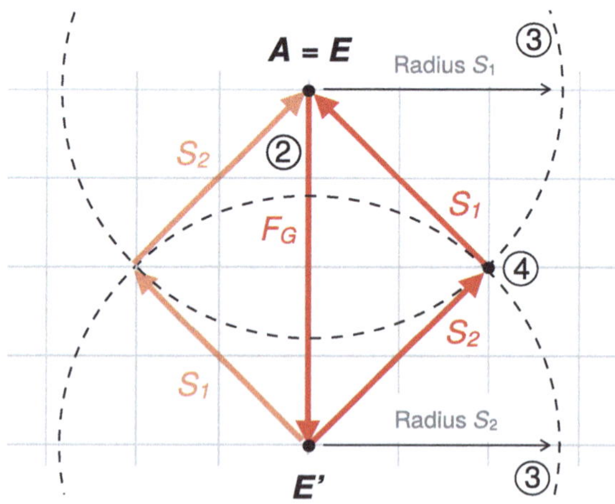

1.3.3 Fall 3: Eine Wirkungslinie und ein Betrag gesucht

Gewappnet mit dem Wissen aus den beiden vorherigen Aufgabentypen kombinieren wir die Lösungsansätze. Dazu schauen wir uns folgendes **Beispiel** an.

Wir beziehen uns wieder auf den Stein, der an zwei Seilen aufgehängt ist.

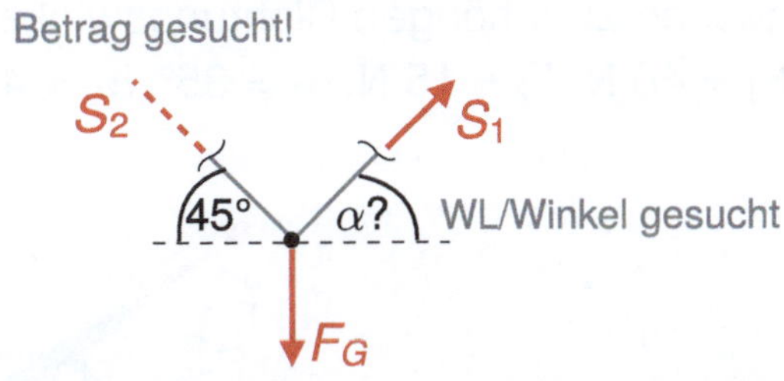

Gegeben sind:
$F_G = 50$ N, $S_1 = 50/\sqrt{2}$ N und der Winkel β bei S_2 beträgt 45°.

1. Maßstab: Wir setzen wieder 25 N einem Kästchen gleich. Anschließend tragen wir alle bekannten Größen in den Kräfteplan. Dazu gehört die Kraft F_G, dessen Betrag und Wirkungslinie bekannt ist, die Wirkungslinie von S_2 mit dem Winkel 45° und der Betrag von S_1, den wir als Kreis um den Anfangspunkt eintragen.

2. Jetzt markieren wir den Schnittpunkt vom Kreis mit dem Radius S_1 und der bekannten Wirkungslinie von S_2. Nach dem Schließen des Kräftepolygons können wir alle gesuchten Größen (Wirkungslinie bzw. Winkel von S_1 und der Betrag von S_2) ablesen: $\alpha = 45°$ und $S_2 = 50/\sqrt{2}$ N.

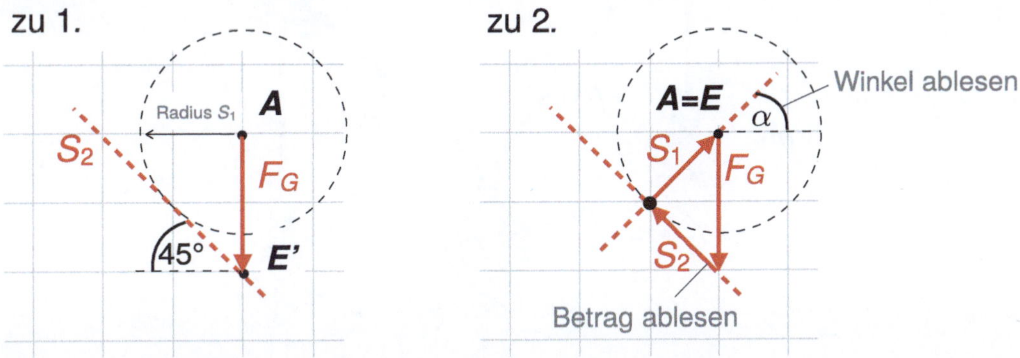

Steine, die an Seilen hängen, haben zugegebenermaßen wenig mit den Aufgaben eines Ingenieurs zu tun. Wir müssen uns also weiter durch die Statik voran arbeiten. Einiges haben wir jedoch schon gelernt:

- Wir wissen, was eine Kraft ist und wie sie definiert ist und können
- für einfache Systeme in der Ebene bei bekannter äußerer Kraft die inneren Kräfte zeichnerisch bestimmen.

1.4 Aufgaben

Lösung

A.1.1. An einer Lasche sind zwei Winkel angebracht, welche die Zugkräfte F_1 und F_2 übertragen. Bestimme zeichnerisch und rechnerisch die Resultierende R und dessen zugehörigen Richtungswinkel. Bekannt:
$F_1 = 40$ N, $F_2 = 15$ N, $\alpha_1 = 35°$, $\alpha_2 = 45°$

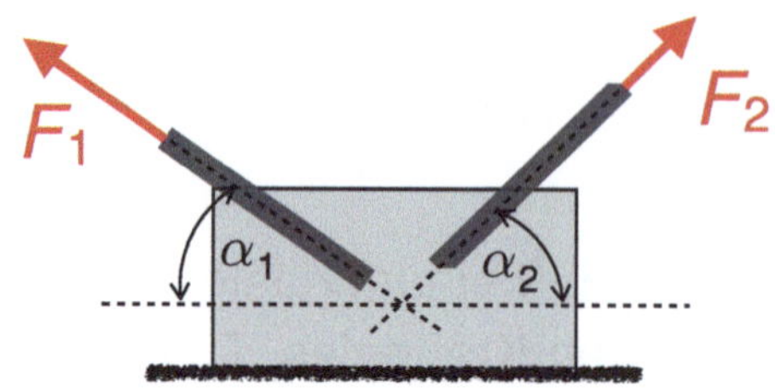

Lösung

A.1.2. Drei Lampen mit den Massen m_1, m_2, m_3 (und Gewichtskräften G_1 = 150 N, G_2 = 200 N, G_3 = 100 N) werden über zwei reibungsfreie Rollen mit zwei masselosen Seilen geführt. Bestimme zeichnerisch die Winkel α_1 und α_2.

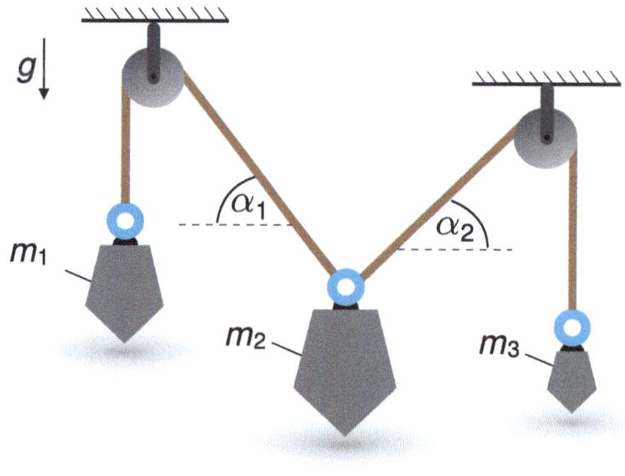

Im nächsten Kapitel schauen wir uns, was eigentlich die Voraussetzung ist, dass sich in der Statik nichts bewegt. Weiter geht es mit der statischen Bestimmtheit!

2 Statische Bestimmtheit

In diesem Kapitel lernst du...

- was wir unter der statischen Bestimmtheit eines Systems verstehen und wie wir sie berechnen können,
- wie wir die Verschiebbarkeit eines Systems prüfen können und
- was das alles mit der Statik von Systemen zu tun hat.

In der Statik bewegen sich die Massen nicht, an denen Kräfte wirken. Das unterscheidet also die Bank im Park von einem Fußball, den jemand schießt. Wie können wir jedoch beschreiben (und ermitteln), ob ein Körper beweglich ist? Bewegbarkeit nennen wir in der Statik Verschiebbarkeit. Das können wir getrost so hinnehmen.

Eine mögliche Verschiebbarkeit in der Statik wird zunächst durch die statische Bestimmtheit festgelegt. Nur statisch bestimmte Körper sind unverschiebbar. Schauen wir uns einen starren Balken in der Ebene an. Starr bedeutet, dass er sich durch Kräfte nicht verformen kann. Wie kann er sich also bewegen?

Kinematik starrer Körper

- Translation (Bewegung entlang einer Achse) in **horizontaler** Richtung
- Translation in **vertikaler** Richtung
- **Rotation** um sich selbst

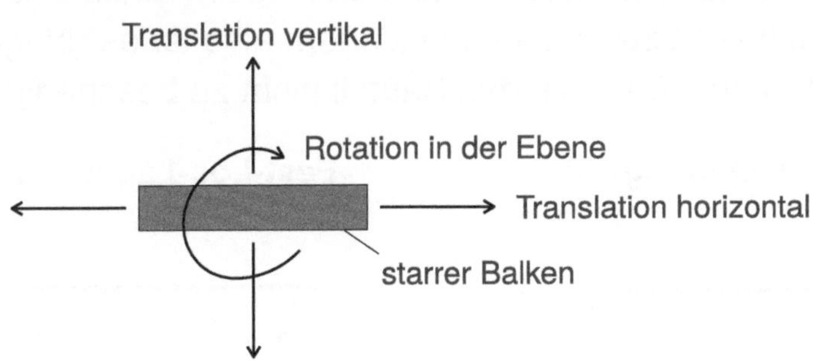

Alle anderen Bewegungen sind nur Zusammensetzungen dieser Bewegungen! Die oben dargestellten Bewegungsrichtungen in der Ebene nennen wir die **Frei-**

heitsgrade des Balkens. Erst wenn alle Freiheitsgrade des Balkens gesperrt sind, kann eine an ihm wirkende Kraft ihn nicht mehr bewegen. Sie kann ihn dann nur noch verformen, was aber kein Thema der Statik ist, sondern erst in der Festigkeitsberechnung interessant wird, wenn der Balken nicht mehr starr ist.

Um die statische Bestimmtheit von Systemen zu prüfen, gibt es bestimmte Regeln. Diese Regeln unterscheiden sich je nach System, das wir auf seine statische Bestimmtheit prüfen sollen.

2.1 Abzählformeln

Loslager

Festlager

Einspannung

Der Balken aus dem Beispiel oben weist drei Freiheitsgrade auf. Wir müssen ihn lagern (das klingt schon mehr nach Technik), um seine Bewegung einzuschränken. Wir unterscheiden drei Arten von Lagerungen:

- **Loslager**:
  erlauben Translation in eine Richtung sowie die Rotation um sich selbst
- **Festlager**: erlauben nur eine Rotation
- **Einspannungen**:
  sperren alle Freiheitsgrade des mit ihm verbundenen Balkens

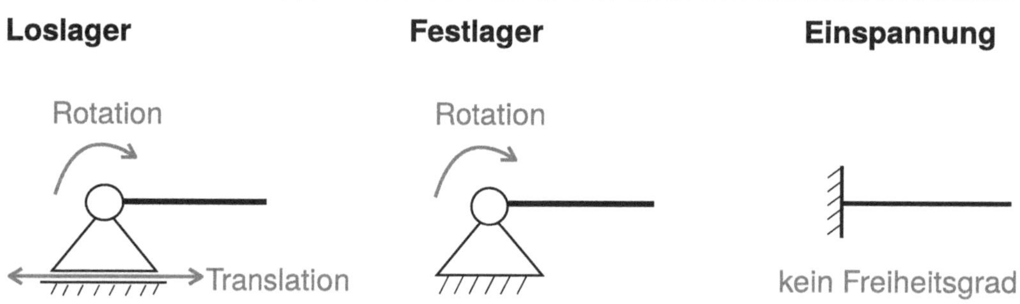

Wir haben also zwei Möglichkeiten, den Balken statisch bestimmt zu lagern! Entweder verwenden wir ein Fest- und ein Loslager oder wir verwenden eine Einspannung. Es ist nicht sinnvoll einen Balken mit zwei Festlagern zu lagern. Warum? Stellen wir uns ein drehbares Teil im Auto-Motor vor. Im Einsatz kann es sich durch Erwärmung ausdehnen bzw. zusammenziehen, also ist es dringend zu empfehlen, ein Loslager einzubauen, um das Bauteil nicht zu beschädigen.

Das lässt sich mit der folgenden Abzählformel zusammenfassen:

Abzählformel für einteilige Systeme:

$$f = 3 - r$$

mit f als Anzahl an Freiheitsgraden und r als Anzahl an Restriktionen (Einschränkung hinsichtlich der Bewegung).

Damit das System statisch bestimmt ist, muss die Anzahl an Freiheitsgraden Null sein ($f = 0$)!

Nun kann an einem fest eingespannten Balken über ein Gelenk ein zweiter Balken gebunden werden. Damit ist das System nicht mehr statisch bestimmt.

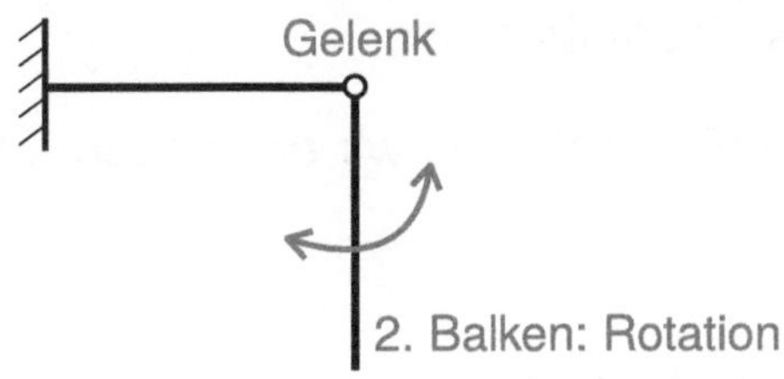

Wie sieht die Abzählformel nun aus? Jeder Balken in der Ebene hat drei Freiheitsgrade, die jeweils gesperrt werden müssen. Verbinden wir die Balken mit einem Gelenk, können sie sich translatorisch nicht mehr relativ zueinander bewegen. Das ist so, als wenn ich mich an jemandem festhalte. Wir können uns dann (wenn wir uns die Arme als steif vorstellen), nicht mehr aufeinander zu oder voneinander wegbewegen.

Wir können uns aber zueinander verdrehen! Ein Gelenk sperrt also einen horizontalen und einen vertikalen translatorischen Freiheitsgrad, jedoch keinen rotatorischen Freiheitsgrad. Daraus ergibt sich als Abzählformel für Stäbe, die über Gelenke verbunden sind:

Abzählformel für mehrteilige Systeme:

$$f = 3 \cdot n - r - z \quad \text{bzw.} \quad f = 3 \cdot n - (r + z)$$

mit n als Anzahl an Systemen, r als Anzahl der Lagerkräfte und z als Anzahl der Gelenkkräfte (2 pro Gelenk).

Das sieht in einem **Beispiel** dann wie folgt aus:

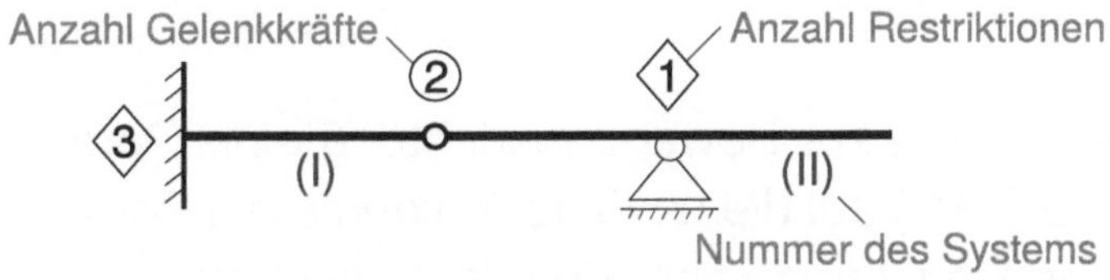

Mit der Abzählformel folgt:

$$\begin{aligned} f &= 3 \cdot n - r - z \\ &= 3 \cdot 2 - 3 - 1 - 2 = 0 \checkmark \end{aligned}$$

Wir dürfen uns jedoch nicht täuschen lassen! Nur mit der Abzählformel können wir die Verschiebbarkeit eines Systems nicht abschließend prüfen. Das wird uns im folgenden **Beispiel** deutlich.

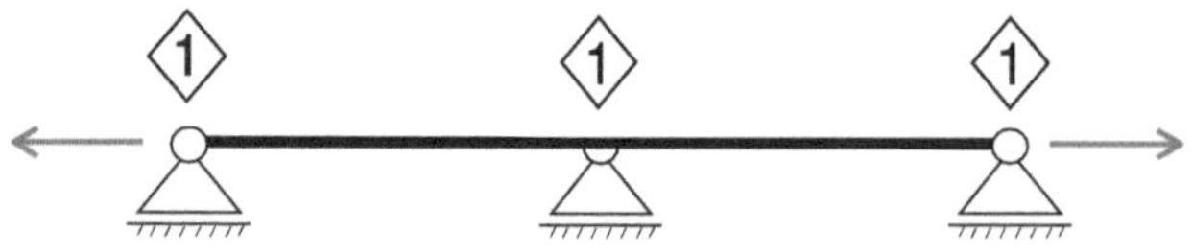

Mit der Abzählformel folgt:

$$f = 3 - r = 3 - 3 = 0 \checkmark$$

Aber Achtung: Durch Translation ist das System verschiebbar!

Es ist sofort ersichtlich, dass sich das System horizontal durch Translation bewegen kann, obwohl drei Lagerrestriktionen vorhanden sind. Die Abzählformel ist also nur ein **notwendiges Kriterium**. Wir können damit erkennen, ob ein System verschiebbar ist. Wir können aber noch nicht garantieren, dass es auch wirklich unverschiebbar ist.

Hierfür benötigen wir ein weiteres Instrument: den **Polplan**.

2.2 Der Polplan

Polplan

Ein Pol ist in der Statik ein Punkt, um den sich ein System bewegen kann. Wir müssen prüfen, ob sich Systeme, die die Abzählformel „überstanden haben", nicht doch um einen Pol bewegen können. Dazu benötigen wir einige Regeln und einen Stift zum Zeichnen.

1. Jedes Festlager ist ein Pol (*M*) (logisch, es sperrt ja alle translatorischen Freiheitsgrade und lässt eine Drehung um sich selbst zu).

2. Bei einer Translation liegt der Pol senkrecht zur möglichen Verschiebungsrichtung im Unendlichen.

3. Durch jedes Loslager geht senkrecht zur Bewegungsrichtung eine Gerade. Jeder Ort (geometrischer Ort *GO*(*M*)) auf dieser Gerade könnte ein Pol sein. Das ergibt sich aus der zweiten Regel und kann wie folgt aussehen.

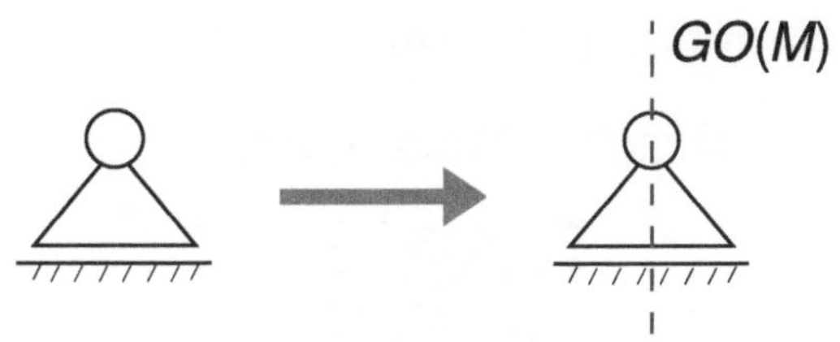

4. Der Schnittpunkt zweier geometrischer Orte ist der Pol eines Systems.

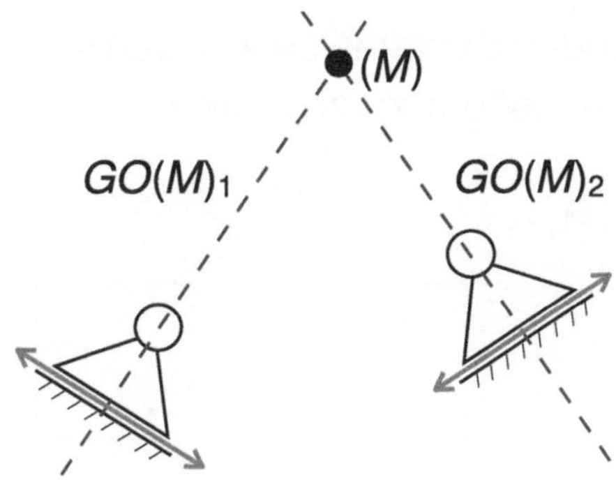

Die letzte Regel betrifft mehrteilige Systeme, die über ein Gelenk verbunden sind.

5. Das Gelenk eines mehrteiligen Systems ist ein Pol des Systems. Liegt das Gelenk auf einer Gerade mit den anderen Polen des Systems, ist das System verschiebbar, wie in diesem Beispiel zu sehen:

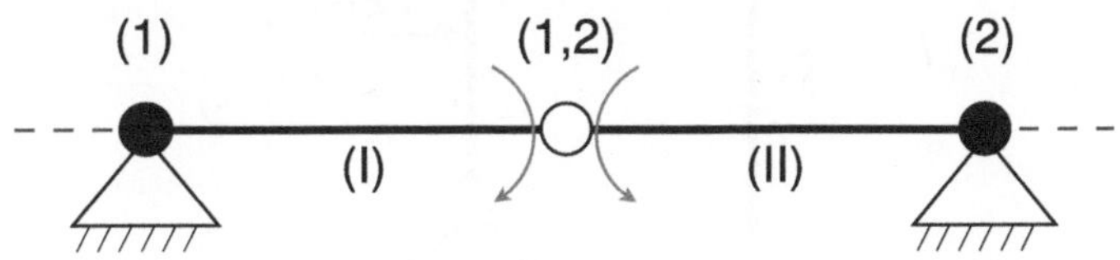

Wir müssen zur Anwendung dieser Regeln bei jedem System prüfen, ob alle Pole des Systems auf einer Geraden liegen. Das üben wir anhand folgender Beispiele.

2.3 Aufgaben

Videobeispiele: Statische Bestimmtheit

a) Übersicht b) mehrteiliges System 1 c) mehrteiliges System 2

Videobeispiele: Verschiebungsfiguren

a) Einführung b) mehrteiliges System c) Pol im Unendlichen

Lösung

A.2.1. Überprüfe die folgenden Systeme auf dessen statische Bestimmtheit. Wenn möglich, ist die Verschiebungsfigur zu zeichnen.

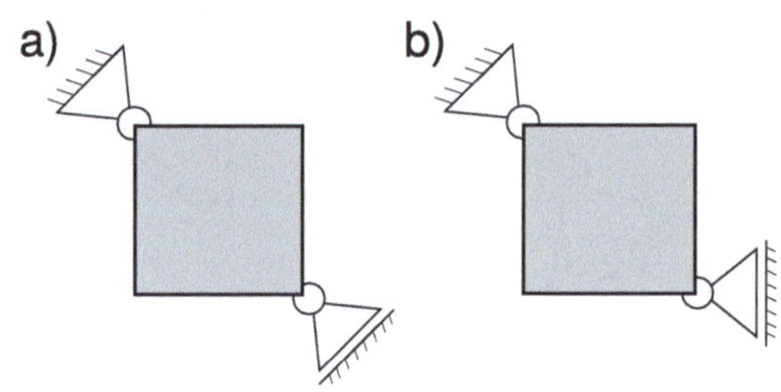

Lösung

A.2.2. Überprüfe das folgende System auf dessen statische Bestimmtheit. Wenn möglich, ist die Verschiebungsfigur zu zeichnen.

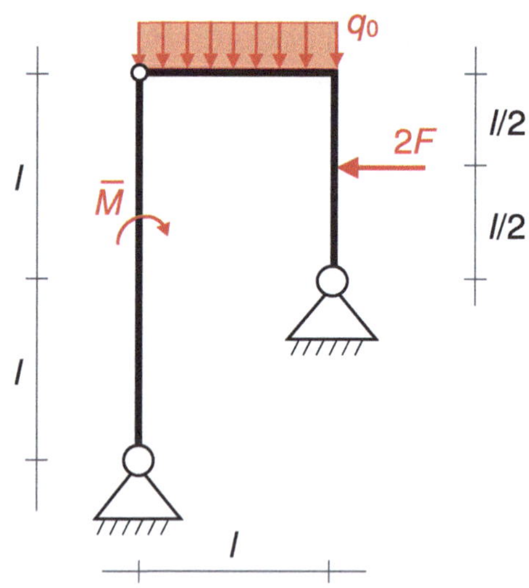

Zusammenfassend müssen wir zur Prüfung der statischen Bestimmtheit sowohl die notwendige Bedingung (Abzählformel) als auch die hinreichende Bedingung prüfen. Erst wenn beide erfüllt sind, ist das System unverschiebbar. Übrigens: Systeme, die die notwendige Bedingung erfüllen, sind zwar statisch bestimmt, aber können trotzdem beweglich sein. Dieser Fall wird uns im weiteren Verlauf dieses Heftes jedoch nicht weiter beschäftigen. Wenn wir die Unverschiebbarkeit eines Systems geprüft haben, können wir die in ihm wirkenden Kräfte bestimmen. Das führt uns als Ingenieure zu der Aussage, ob die Konstruktion die Belastung erträgt! Dazu schauen wir uns im nächsten Kapitel Auflagerreaktionen an.

3 Auflagerreaktionen

In diesem Kapitel lernst du...

- wie ein System so gelagert werden kann, dass es sich trotz äußerer Belastung nicht bewegt,
- welche Reaktionen deshalb in einem System auftreten und
- wie diese Reaktionen berechnet werden können.

Wir kennen nun Systeme aus Stäben und Gelenken, die statisch bestimmt und unverschieblich eine Belastung aufnehmen können. Im ersten Kapitel haben wir gesehen, dass es in einem belasteten System eingeprägte Kräfte und Reaktionskräfte gibt und diese im Gleichgewicht stehen müssen. Was passiert also mit der äußeren Kraft, die auf das System drückt?

3.1 Allgemeines

Nehmen wir einen Balken der Länge l, der mit einem Fest- und einem Loslager gelagert ist. Wir sprechen dann auch von einer Fest-Los-Lagerung. In seiner Mitte wirkt die Kraft F vertikal und an seiner Seite eine andere horizontale Kraft F.

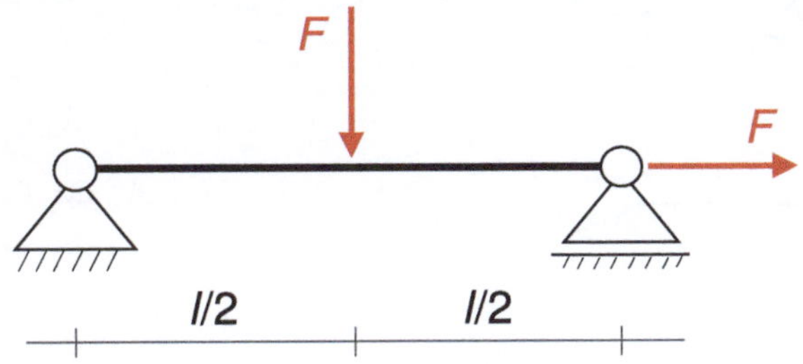

Durch die Abzählformel und den Polplan wissen wir, dass dieses System unverschiebbar ist. Dies liegt an den Lagern, die die drei Freiheitsgrade des Balkens einschränken. Wenn also das Loslager keine Bewegung in vertikaler Richtung zulässt, wir aber vertikal gegen es drücken, muss dort eine Kraft wirken. Diese Kraft nennen wir Auflagerreaktion. In jedem Lager kann in Richtung der gesperrten Freiheitsgrade eine Kraft wirken. Wenn wir den Freischnitt für das System zeichnen, sieht das wie folgt aus:

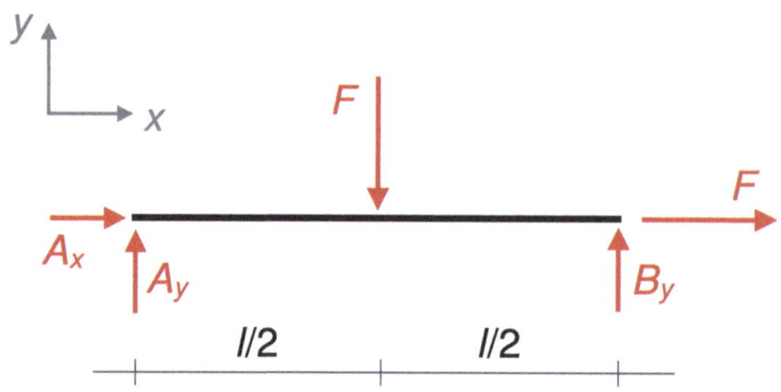

Ein Freiheitsgrad des Balkens ist ja die Rotation. Jedoch sperrt keines der Lager für sich eine Rotation. Wieso ist die Rotation trotzdem verhindert? Die plausible Erklärung ist, dass die Lager ortsfest sind. Damit der Balken rotieren könnte, müsste sich eines der Lager auf eine Art bewegen, die nicht erlaubt ist. Das lässt sich anhand eines Stifts auf dem Tisch leicht nachvollziehen! Die formelle Antwort ist, dass sich im Polplan kein einzelner Pol für das System finden lässt und es deshalb unverschiebbar ist.

Wie lassen sich nun die einzelnen Auflagerreaktionen berechnen?

Die Grundlage zur Berechnung der Auflagerreaktionen ist die Erstellung eines **Freischnitts**. In der folgenden Abbildungen sehen wir, wie Fest- und Loslager sowie feste Einspannungen freigeschnitten werden und welche Kräfte sie aufnehmen.

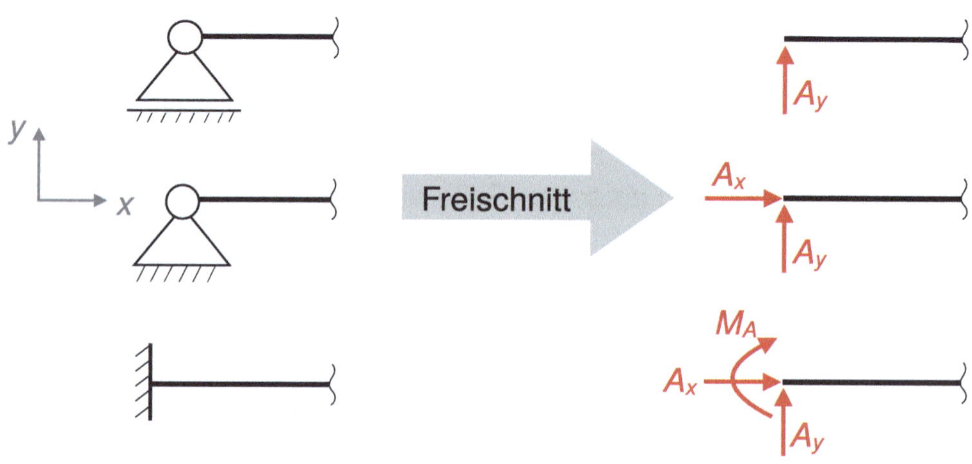

Wir wissen bereits, dass in der Statik die Summe aller im System wirkenden Kräfte Null sein muss. In der Ebene lässt sich jede Kraft vektoriell bestehend aus einer horizontalen und einer vertikalen Komponente darstellen. Wir führen dazu ein Koordinatensystem ein, damit wir den Komponenten einen Index x bzw. y geben können (vgl. Abbildung oben).

Wir stellen für das System aus Abschnitt 3.1 zwei Gleichungen auf:

Gleichgewichts-Bedingungen

(1) $\sum_{i=1}^{n} F_{x,i} = 0$ →: Summe der Kräfte in horizontaler Richtung muss 0 sein

oder

(2) $\sum_{i=1}^{n} F_{y,i} = 0$ ↑: Summe der Kräfte in vertikaler Richtung muss 0 sein

Dabei ist das Koordinatensystem entscheidend. Kräfte haben eine Richtung, die wir berücksichtigen müssen. Kräfte, die in positiver Koordinatenrichtung wirken[1], gehen positiv in die Gleichung ein. Wirken sie entgegen des Koordinatensystems, müssen sie negativ in der Gleichung berücksichtigt werden. Angewendet auf unser Beispiel folgen damit die Gleichungen

$$\begin{aligned} (1) \quad \rightarrow: \quad & A_x + F &= 0 \\ (2) \quad \uparrow: \quad & A_y + B_y - F &= 0 \end{aligned}$$

Wir erhalten ein lineares Gleichungssystem. Die darin enthaltenen Gleichungen nennen wir **Gleichgewichtsbedingungen**. Leider ist es nicht lösbar, weil wir drei Unbekannte, aber nur zwei Gleichungen vorliegen haben. Hier kommt der dritte (gesperrte) Freiheitsgrad ins Spiel: die Rotation. Wir lassen das System gedanklich um eines der beiden Lager drehen. Hierzu benötigen wir eine neue Belastungsform, das Drehmoment.

Wirkt eine Kraft auf eine bestimmte Stelle eines Körpers, verursacht sie eine Translation. Ist der Körper unverschieblich, verursacht die Kraft eine Gegenreaktion in Form der Auflagerreaktionen. Was jedoch passiert, wenn die Kraft an einem drehbar gelagerten Balken wirkt? Er beginnt zu drehen.

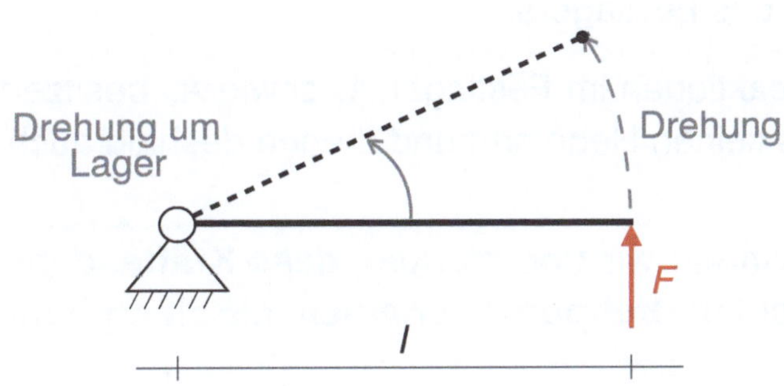

Die Kraft, multipliziert mit einem Hebel vom Angriffspunkt zum Drehpunkt, liefert ein Drehmoment M (Dimension Nm, sprich „Newtonmeter"). Je größer der Hebelarm bei gegebener Kraft, desto größer wird das erreichbare Drehmoment:

Allgemein: Drehmoment = Kraft · Hebelarm hier: $M = F \cdot l$ [Nm]

[1] Es ist auch möglich, diese Richtung frei zu wählen. Häufig wird es an Unis aber vorgegeben, damit die Korrektur der Klausuren leichter fällt.

Jeder, der schon mal eine sehr fest angezogene Schraube gelöst hat, kennt den Effekt. Mit einem kurzen Schraubenschlüssel wird viel Kraft benötigt, um die Schraube zu lösen. Wird der Schraubenschlüssel um ein Rohr verlängert, reicht wenig Kraft, um die Schraube zu lösen!

Das Drehmoment benötigen wir, um das Gleichungssystem oben zur Berechnung der Auflagerreaktionen zu lösen.

Lassen wir gedanklich den Balken aus dem Beispiel um das Festlager drehen. Dazu müssen wir uns vorstellen, dass das Loslager verschwunden ist und nur noch dessen Auflagerreaktion wirkt. Welche Kräfte im System verursachen bzgl. des Drehpunktes im Festlager ein Drehmoment?

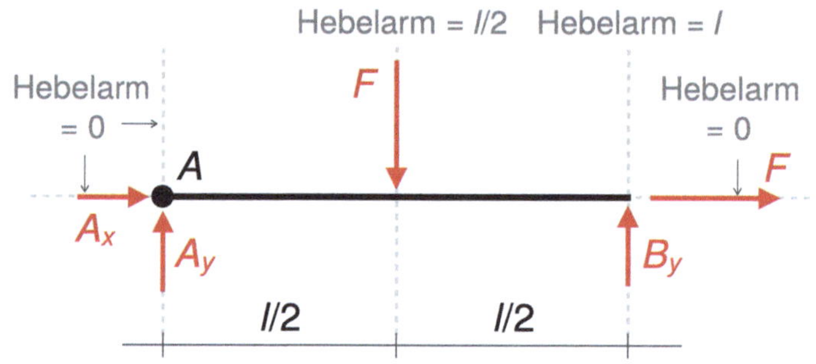

- Die Auflagerreaktion des Loslagers B_y bildet ein Drehmoment mit dem Hebelarm l um den Drehpunkt A.
- Die vertikale Belastung F bildet ein Drehmoment mit dem Hebelarm $l/2$.
- Die horizontale Belastung F besitzt eine Wirkungslinie, die durch den Drehpunkt A geht. Damit besitzt sie keinen Hebelarm und damit auch kein Drehmoment bzgl. des Festlagers.
- Die Auflagerreaktionen im Festlager A_x sowie A_y besitzen bzgl. des Festlagers ebenfalls keinen Hebelarm und drehen deshalb auch nicht mit.

Grundsätzlich können wir uns merken, dass Kräfte, deren Wirkungslinie durch den gedachten Drehpunkt verlaufen, nie einen Beitrag zur Drehung liefern können!

Nun ist im realen System das Loslager ja vorhanden, die gedachte Rotation ist dementsprechend nicht möglich. Dies machen wir uns zu Nutze, um eine dritte Gleichung aufzustellen. Die Summe der Drehmomente um einen beliebigen Punktes P des Systems muss null sein:

(3) $\sum_{i=1}^{n} M_i(P) = 0$ oder $\overset{\frown}{P}$: Summe der Momente um Bezugspunkt P

Damit können wir das Gleichungssystem von oben um eine dritte Gleichung erweitern. Wir müssen einen Drehsinn als positiv vorgeben, da nicht alle Drehmomente in die gleiche Richtung wirken.

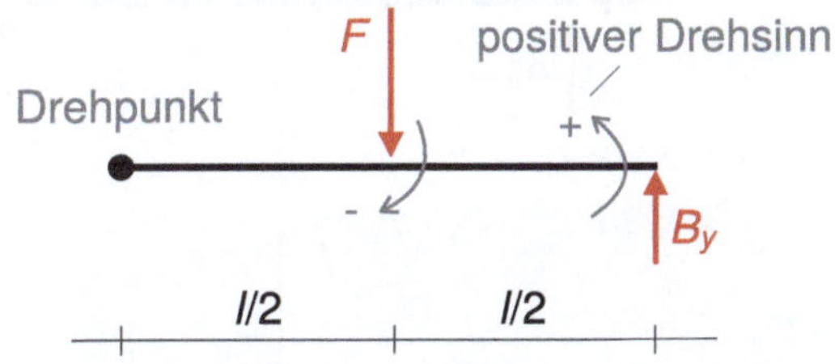

In diesem Beispiel ist ein mathematisch positiver Drehsinn (gegen den Uhrzeigersinn) um das Festlager als positiver Drehsinn angenommen. Es folgt:

$$\begin{aligned}
(1) \quad \rightarrow: \quad & A_x + F &= 0 \\
(2) \quad \uparrow: \quad & A_y + B_y - F &= 0 \\
(3) \quad \overset{\frown}{A}: \quad & B_y \cdot l - F \cdot \tfrac{l}{2} &= 0
\end{aligned}$$

Dieses Gleichungssystem können wir lösen. Aus Gleichung (1) folgt:

$$A_x = -F$$

Aus Gleichung (3) folgt:

$$B_y \cdot l = F \cdot \frac{l}{2} \Leftrightarrow B_y = \frac{F}{2}$$

Damit folgt aus Gleichung (2):

$$A_y = -B_y + F = -\frac{F}{2} + F = \frac{F}{2}$$

Damit haben wir das Rüstzeug an der Hand, um Auflagerreaktionen zu berechnen.

Zum Abschluss dieses Abschnittes geben wir noch ein paar **Hinweise**:

- Es ist günstig, die Gleichung zum Drehmoment bzgl. des Festlagers aufzustellen: Warum? Da hier eine Kraft mehr als im Loslager wirkt (und in der Gleichung wegfällt), enthält die entstehende Gleichung in der Regel weniger Unbekannte.
- Es ist egal, in welcher Richtung die Auflagerreaktionen im Freischnitt angenommen werden. Wenn die Gleichungen für ein gewähltes Koordinatensystem konsequent aufgestellt werden, unterscheiden sich die berechneten Kräfte lediglich im Vorzeichen! Wenn eine Kraft in einer Richtung angenommen wird und die Gleichung einen negativen Betrag liefert, ist dieses Ergebnis identisch zu einer positiven Kraft in die andere Richtung.

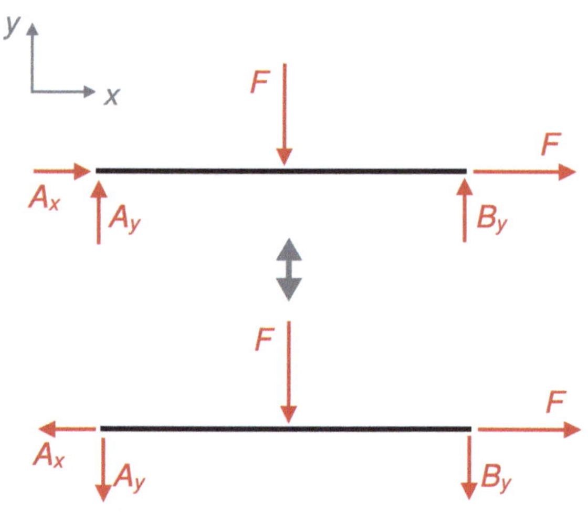

Die Lagerreaktionen für das obere System lauten:

$$A_y = B_y = \frac{F}{2}$$
$$A_x = -F$$

Die Lagerreaktionen für das untere System lauten:

$$A_y = B_y = -\frac{F}{2}$$
$$A_x = F$$

Beides sind korrekte Ergebnisse!

- Sollte ein System mit einer Einspannung gelagert sein, treten in der Einspannung drei Auflagerreaktionen auf (auch das Drehmoment ist in der Einspannung verhindert).

Die Gleichungen sehen dann exemplarisch wie folgt aus:

$$\begin{aligned} &(1) \quad \rightarrow: \quad & A_x + F &= 0 \Leftrightarrow A_x = -F \\ &(2) \quad \uparrow: \quad & A_y - F &= 0 \Leftrightarrow A_y = F \\ &(3) \quad \overset{\curvearrowright}{A}: \quad & M_A + F \cdot l &= 0 \Leftrightarrow M_A = -F \cdot l \end{aligned}$$

Bisher haben wir uns nur Systeme angeschaut, die durch Kräfte in Richtung der Koordinatenachsen belastet werden. Im nächsten Schritt schauen wir uns an, wie Auflagerreaktionen bei komplexeren Belastungen berechnet werden können.

3.2 Belastungsarten

Es gibt verschiedene Arten von Belastungen (wir sprechen bewusst nicht von Kräften, weil nicht alle Belastungen klassische Kräfte sind), die in einem System Auflagerreaktionen hervorrufen können.

Schräge Belastung

Ein fest-los-gelagerter Balken der Länge *l* wird mit einer schrägen Kraft belastet.

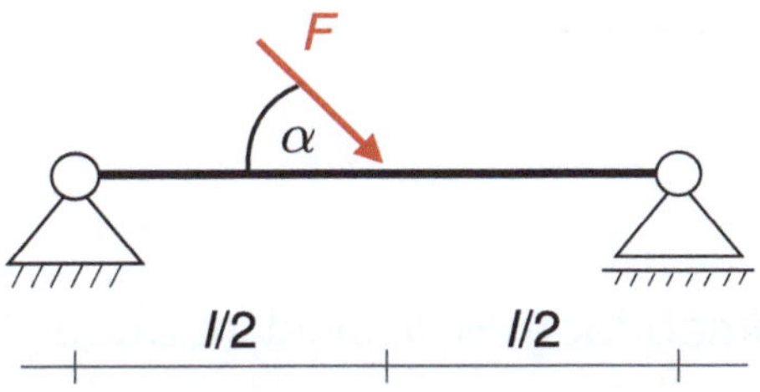

Die Berechnung der Auflagerreaktionen erfolgt, in dem die schräge Kraft in ihre Komponenten zerlegt wird. Hierfür müssen wir unsere Kenntnisse aus der Trigonometrie bemühen.

Einschub: Trigonometrie

Ein rechtwinkliges Dreieck besteht aus drei Seiten:

- die Seite gegenüber dem rechten Winkel ist die **Hypotenuse** (hier *c*)
- für einen festgelegten Winkel (hier α) ist die dem Winkel gegenüber liegende Seite die **Gegenkathete** (hier *b*)
- die an dem Winkel liegende Seite ist die Ankathete (hier *a*)

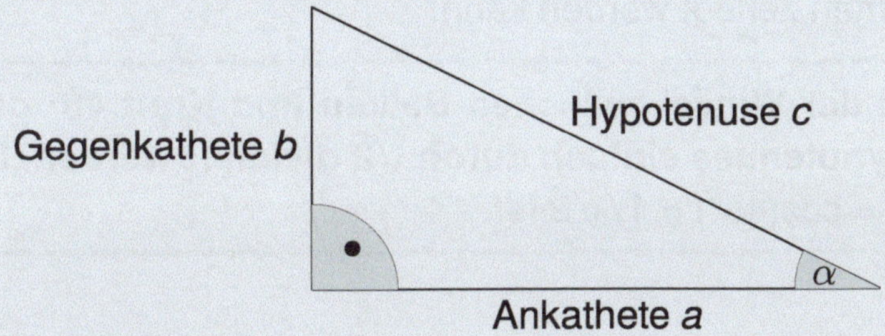

Für diese Seiten lassen sich folgende Verhältnisse definieren:

- Sinus: $\sin(\alpha) = \frac{\text{Gegenkathete}}{\text{Hypotenuse}}$
- Kosinus: $\cos(\alpha) = \frac{\text{Ankathete}}{\text{Hypotenuse}}$
- Tangens: $\tan(\alpha) = \frac{\text{Gegenkathete}}{\text{Ankathete}} = \frac{\sin(\alpha)}{\cos(\alpha)}$

Die Umrechnung vom Gradmaß ins Bogenmaß erfolgt mit der Gleichung:

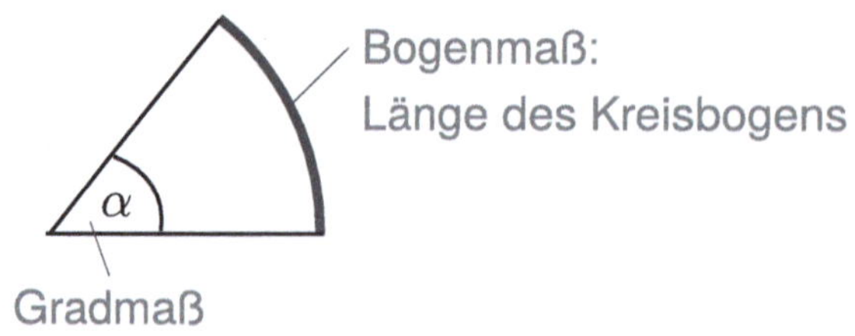

$$\text{Winkel im Gradmaß } (deg) = \text{Winkel im Bogenmaß } (rad) \cdot \frac{180°}{\pi}$$

Dabei ist π die Kreiszahl ($\pi \approx 3{,}14\ldots$) und sollte im Taschenrechner gespeichert sein.

Zerlegung einer Kraft

Ist der Winkel einer schräg angreifenden Kraft bekannt, können wir mit Hilfe der Trigonometrie die Komponenten der Kraft berechnen.

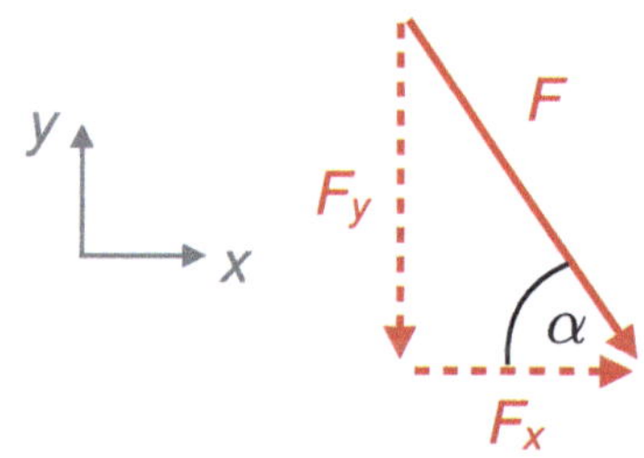

Die Komponenten der Kraft F lauten:

$$F_x = \cos(\alpha) \cdot F$$
$$F_y = \sin(\alpha) \cdot F$$

Axiom

Dieses Vorgehen basiert auf dem sogenannten Axiom vom Kräfteparallelogramm (ein vereinfachtes Kräftepolygon mit vier Ecken), nachdem eine Kraft immer in zwei Komponenten zerlegt werden kann.

Übrigens: Ist der Winkel zwischen Balken und Kraft 45° groß, kann der Betrag der Hypotenuse einfach durch $\sqrt{2}$ dividiert werden. Der Grund ist, dass $\sin(45°) = \cos(45°) = 1/\sqrt{2}$ ist.

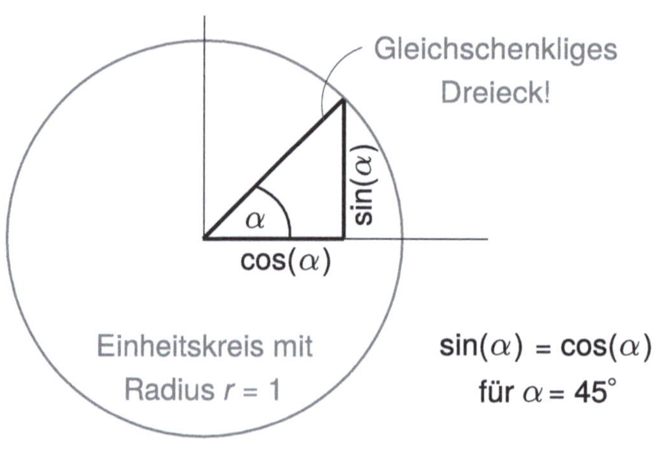

Ein Balken kann durch ein Drehmoment belastet werden, wie wir es bereits kennengelernt haben. Dabei spielt für die Gleichgewichtsbedingung keine Rolle, wo im System das Drehmoment wirkt. Wichtig sind der Betrag und der Drehsinn des Drehmoments. Für das folgende System

Freischnitt:

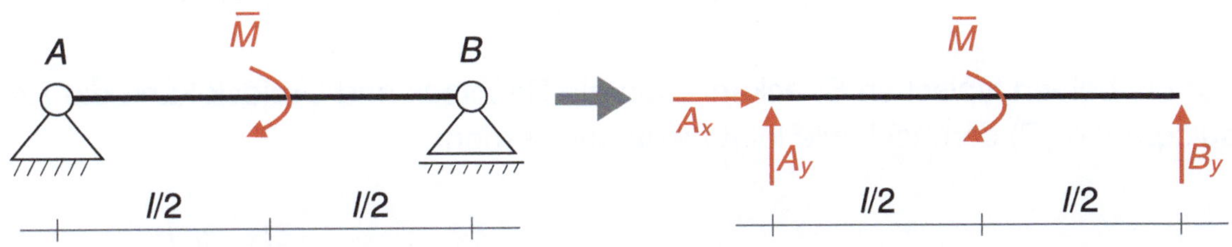

lauten die Gleichgewichtsbedingungen zur Bestimmung der Auflagerreaktionen bei einer gedachten Drehung um das Festlager A:

$$\begin{aligned}
&(1) \quad \rightarrow: & A_x &= 0 \\
&(2) \quad \uparrow: & A_y + B_y &= 0 \Rightarrow A_y = -B_y = -\tfrac{\overline{M}}{l} \\
&(3) \quad \overset{\curvearrowleft}{A}: & -\overline{M} + B_y \cdot l &= 0 \Rightarrow B_y = \tfrac{\overline{M}}{l}
\end{aligned}$$

Streckenlasten

Wer schon mal einen Winter in den Bergen erlebt hat, weiß, dass große Schneemassen auf den Häuserdächern eine echte Gefahr für die Statik des Daches sein können. Insofern muss der Schnee regelmäßig von den Dächern geschoben werden. Eine einzelne Kraft kann dabei die Wirkung der Schneedecke auf ein Haus schlecht nachbilden. Wir führen deshalb sogenannte Streckenlasten ein.

> Streckenlast: $q \left[\frac{F}{l}\right]$

Eine Streckenlast gibt an, welche Kraft pro Länge auf ein System wirkt. Das kann für eine konstante Streckenlast q_0 wie folgt aussehen:

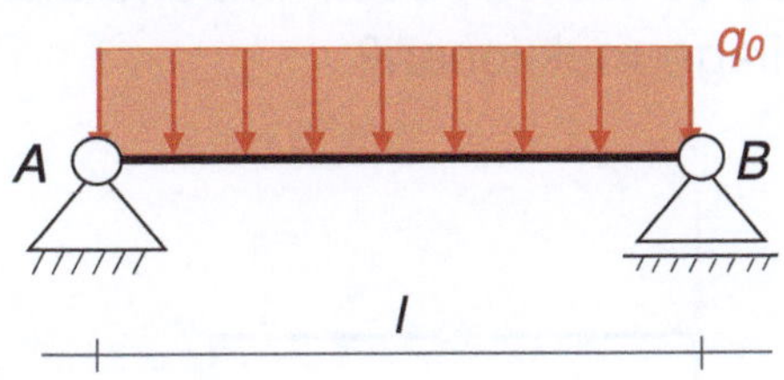

Wie berechnen wir die Auflagerreaktionen bei einer Belastung mit Streckenlasten? Zur Erstellung des Freischnitts muss die Resultierende der Streckenlast berechnet werden. Dies ist die Kraft, deren Wirkung nach Orientierung und Betrag identisch zur Streckenlast ist.

> Was bedeutet das?
>
> - für eine Streckenlast gilt, dass ihre Resultierende **im Schwerpunkt ihrer**

Fläche liegt

- der Betrag einer Streckenlast ist **so groß wie ihr Flächeninhalt** (bei Rechtecken: $A = a \cdot b$ bzw. Fläche = Grundseite · Höhe, bei Dreiecken: $A = \frac{1}{2} \cdot g \cdot h$ bzw. Fläche = $\frac{1}{2}$·(Grundseite · Höhe)

Beispiel Schräge

rechteckige/ dreieckige/ trapezförmige Streckenlast

Für die beiden typischen Streckenlasten als Rechteck und Dreieck kann die Resultierende (R) demnach wie folgt bestimmt werden:

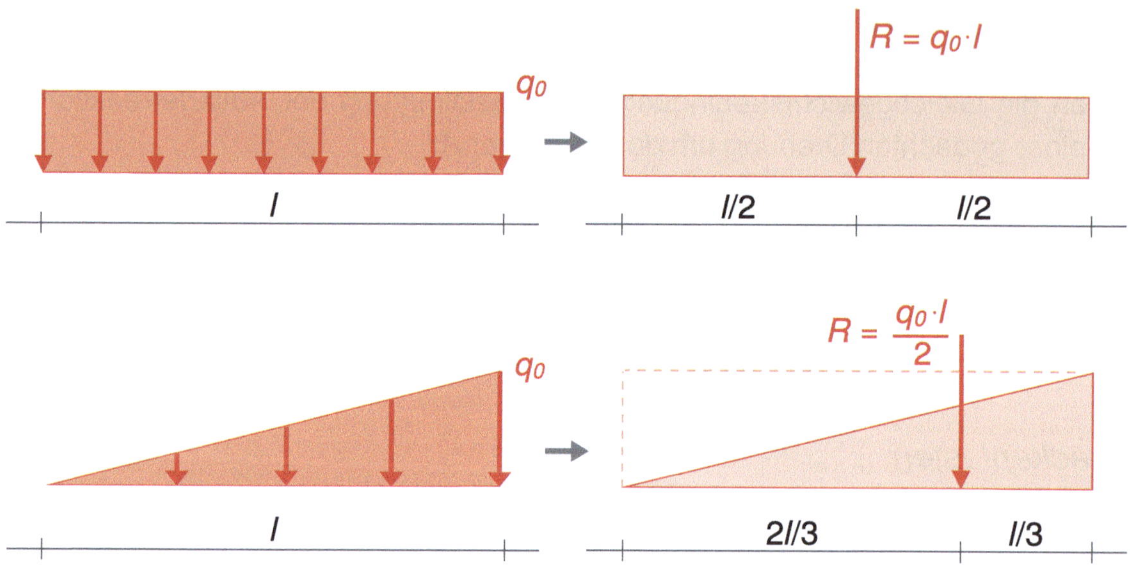

Nachdem wir nun einteilige System auch mit komplexen Lasten berechnen können, machen wir im letzten Schritt die Systeme komplexer. Wie berechnen sich Auflagerreaktionen, wenn mehrere Stäbe durch Gelenke verbunden sind?

Schauen wir uns das folgende System bestehend aus zwei Balken und einem Gelenk an. Wir können mit den Methoden aus dem vorherigen Kapitel zeigen, dass es statisch bestimmt und unverschieblich ist. Wie berechnen wir jedoch die Auflagerreaktionen?

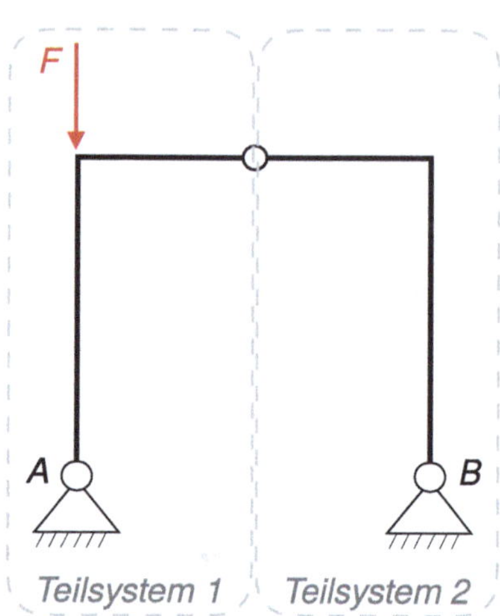

Freischnitt zum Beispiel:

Wir müssen in diesem Fall drei Freischnitte zeichnen. Dabei schauen wir uns zum einen das Gesamtsystem an und zum anderen wird jeder Balken für sich betrachtet (sogenannte *Teilsysteme*). Der Schnitt muss dabei zwangsläufig durch das Gelenk gehen. Das Gelenk verbindet die beiden Balken miteinander. Ohne das Gelenk würden die beiden Balken um ihre Festlager rotieren können, wenn Belastungen auftreten.

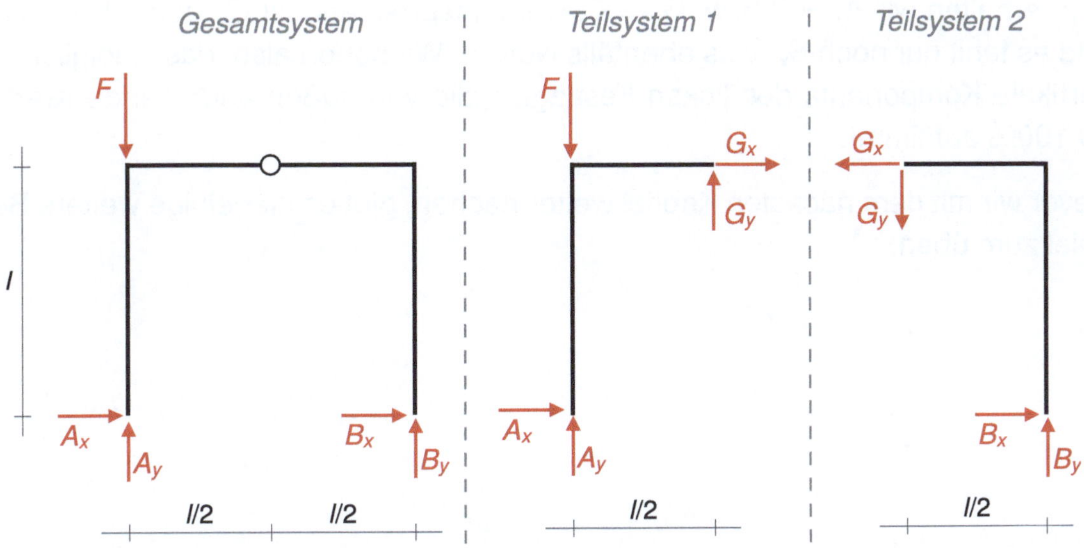

Die Gelenkkräfte sind innere Kräfte. In welche Richtung die Gelenkkräfte angenommen werden, ist beliebig. Da das System sich nicht bewegt, müssen die Gelenkkräfte sich in den Freischnitten der einzelnen Balken gegenseitig aufheben (andernfalls wäre das System ja in Bewegung - Stichwort: *actio* = *reactio*).

Mit Hilfe der Freischnitte können wir pro System drei Gleichgewichtsbedingungen aufstellen, um die Auflager- und Gelenkreaktionen zu berechnen. Zum Beispiel:

Lösung zum Beispiel

Gesamtsystem:

$$\text{(I)}\quad \overset{\curvearrowleft}{A}: \quad B_y = 0$$

$$\text{(II)}\quad \overset{\curvearrowleft}{B} \quad A_y \cdot l - F \cdot l = 0$$

$$\text{(III)}\quad \rightarrow: \quad A_x + B_x = 0$$

Teilsystem 1:

$$\text{(IV)}\quad \overset{\curvearrowleft}{A}: \quad -G_x \cdot l + G_y \cdot \tfrac{l}{2} = 0$$

$$\text{(V)}\quad \overset{\curvearrowleft}{G}: \quad A_y \cdot \tfrac{l}{2} - A_x \cdot l - F \cdot \tfrac{l}{2} = 0$$

$$\text{(VI)}\quad \uparrow: \quad A_y + G_y - F = 0$$

Teilsystem 2:

$$\text{(VII)}\quad \overset{\curvearrowleft}{B}: \quad G_x \cdot l - G_y \cdot \tfrac{l}{2} = 0$$

$$\text{(VIII)}\quad \overset{\curvearrowleft}{G} \quad B_y \cdot \tfrac{l}{2} + B_x \cdot l = 0$$

$$\text{(IX)}\quad \rightarrow: \quad B_x - G_x = 0$$

Nachdem wir die Gleichungen aufgestellt haben, können wir die Unbekannten berechnen. Das ist meist der zeitlich aufwändigste Teil, aber das Aufstellen der Gleichungen ist wesentlich wichtiger.

Du solltest immer nach Gleichungen Ausschau halten, wo du direkt Unbekannte Größen bestimmen kannst. In unserem Fall erhalten wir aus Gleichung (I) direkt $B_y = 0$ und aus Gleichung (II) $A_y = F$. Wenn wir A_y jetzt in (V) bzw. in (VI) einsetzen, erhalten wir $A_x = 0$ bzw. $G_y = 0$. Dementsprechend ist G_x auch gleich Null und es fehlt nur noch B_x, was ebenfalls Null ist. Wir sehen also, dass lediglich die vertikale Komponente des linken Festlagers die von außen angreifende Kraft F zu 100% aufnimmt.

Bevor wir mit dem nächsten Kapitel weitermachen, gibt es hier einige weitere Beispiel zum üben.

3.3 Aufgaben

Videobeispiele: Auflagerreaktion

a)	b)	c)	d)	e)
Fest-Los-Lager mehrere Belastungen:	Fest-Los-Lager mehrere Belastungen:	Einspannung mit schräg angreifender Kraft:	mit Streckenlast und Moment:	zeichnerisch bestimmen

Lösung

A.3.1. Bestimme die Lagerreaktionen des nachfolgenden statisch bestimmten Systems. Der Verlauf der Streckenlast ist trapezförmig. Bekannt: $q_0 = 2F/l, l$

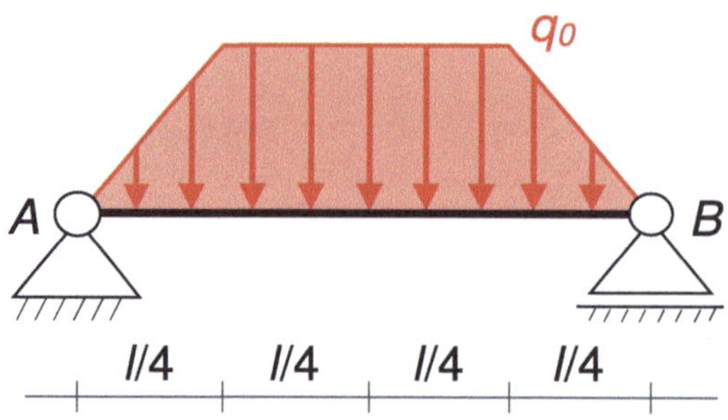

A.3.2. Bestimme die Lagerreaktionen des nachfolgenden statisch bestimmten mehrteiligen Systems.

Lösung

Bekannt:

$$\overline{M} = 2FL, F, q_0 = \frac{F}{l}, l, \alpha = 45°$$

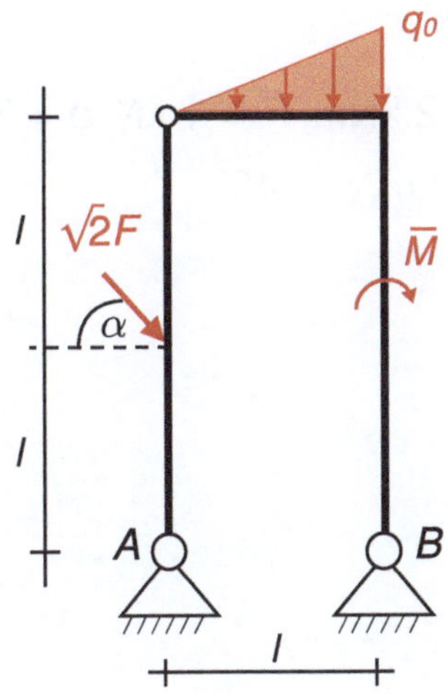

A.3.3. Bestimme die Lagerreaktionen des nachfolgenden statisch bestimmten mehrteiligen Systems.

Lösung

Bekannt:

$$\overline{M} = 40 \text{ kNm}, F = 70 \text{ kN}, l = 1 \text{ m}$$

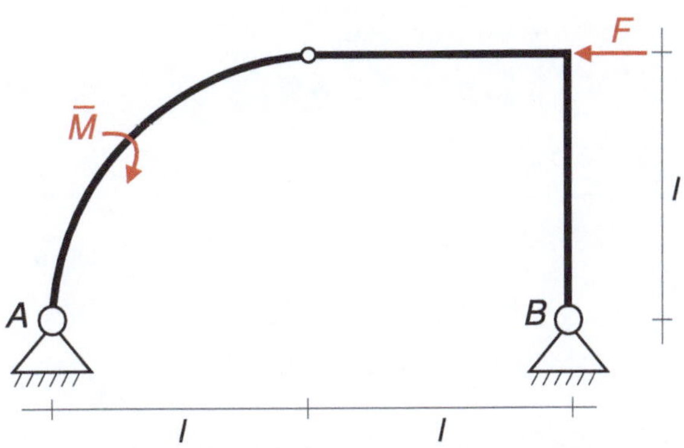

A.3.4. Bestimme die Lagerreaktionen des nachfolgenden statisch bestimmten mehrteiligen Systems.

Lösung

Bekannt:

$$\overline{M} = 10 \text{ Nm}, F = 200 \text{ N}, l = 2 \text{ m},$$
$$\alpha = 30°, \beta = 45°$$

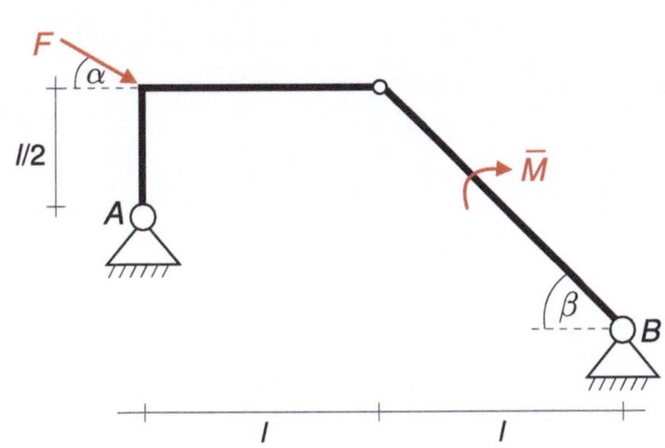

Lösung

A.3.5. Bestimme die Lagerreaktionen des nachfolgenden statisch bestimmten einteiligen Systems. Beachte das schräg liegende Lager B.

Bekannt:

$\overline{M} = 2$ kNm, $F = 1$ kN, $a = 2$ m,
$b = 3$ m, $\alpha = 45°$

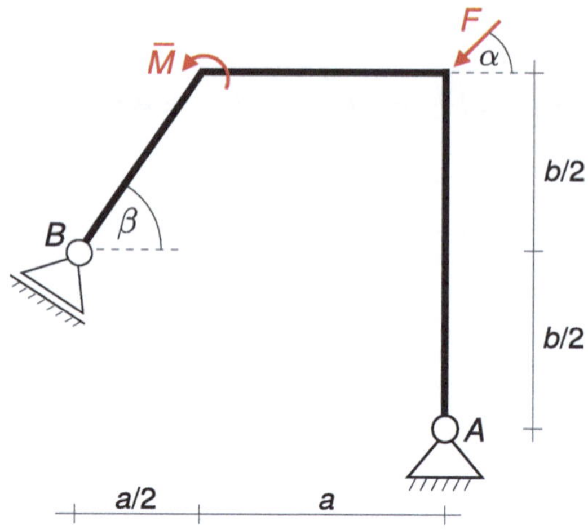

4 Fachwerke

> In diesem Kapitel lernst du...
>
> - was Fachwerke sind und wie sie uns bei der Konstruktion von Systemen nutzen,
> - wie die Verschiebbarkeit von Fachwerken geprüft werden kann und
> - wie die in einem Fachwerk wirkenden Kräfte berechnet werden können.

Bisher haben wir uns ausschließlich mit Stäben und mehrteiligen System beschäftigt. Wer schon einmal aufmerksam einen Kran beobachtet hat, dem sind die vielen Dreiecke aufgefallen, aus denen der Turm des Krans zusammengesetzt ist. Der Grund dafür ist einfach:

Dreiecke sind starr!

Ein viereckiger Rahmen kann sich je nach Verbindung der Winkel miteinander verformen. So wird aus einem Rechteck schnell ein Parallelogramm.

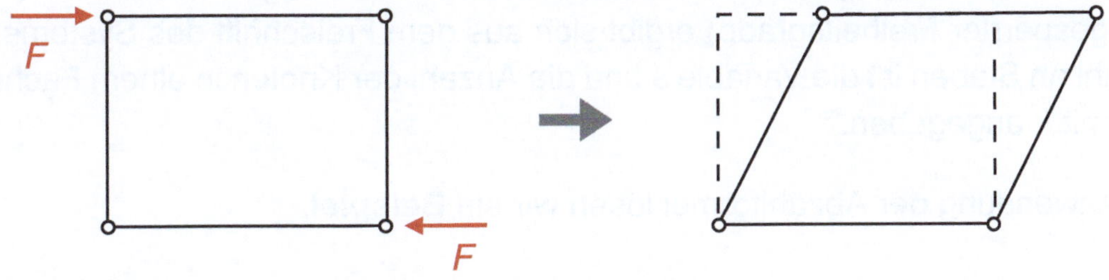

Fügen wir dem Rechteck jedoch eine Diagonale hinzu, wird das Rechteck starr, also unbeweglich. Es besteht jetzt aus zwei Dreiecken.

Achtung! Im Kapitel zur statischen Bestimmtheit haben wir den Begriff „unverschiebbar" kennen gelernt. Das bedeutet, dass ein Körper sich nicht im Raum bewegen kann. Ein starrer Körper kann verschiebbar sein, wenn seine Lagerung nicht ausreichend ist. Starr bedeutet, dass der Körper seine Form **durch Verformung** nicht verändern kann.

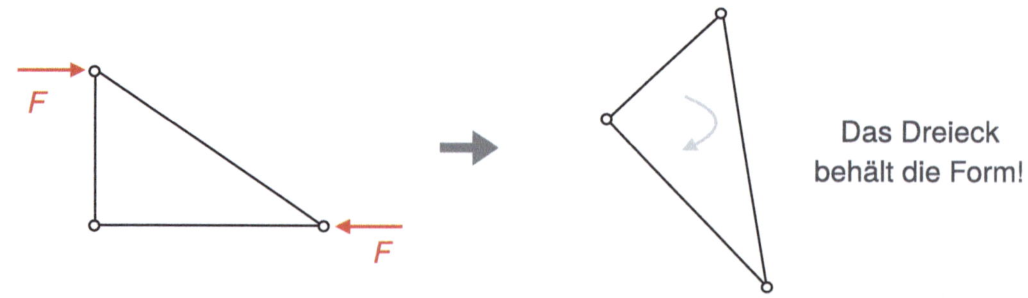

Die Tatsache, dass Dreiecke starr sind, wird von Ingenieuren oft ausgenutzt. Die statischen Systeme, die aus Dreiecken zusammengesetzt sind und Belastungen erfahren, werden als Fachwerke bezeichnet. Rund um Fachwerke gibt es einige Aufgabenstellungen, die wir in Ergänzung zu den vorherigen Kapiteln noch mal aufnehmen.

4.1 Statische Bestimmtheit

Zur Prüfung der statischen Bestimmtheit haben wir die Abzählformel für ein- und mehrteilige Systeme kennengelernt. Für Fachwerke gibt es eine weitere Abzählformel.

Abzählformel für Fachwerke:

$$f = 2 \cdot k - (r + s)$$

Dabei ist f wie bisher die Anzahl an Freiheitsgraden. Damit das Fachwerk statisch bestimmt ist, muss f gleich Null sein. Die Anzahl an Auflagerreaktionen r (= Anzahl gesperrter Freiheitsgrade) ergibt sich aus dem Freischnitt des Systems. Die Anzahl an Stäben ist die Variable s und die Anzahl der Knoten in einem Fachwerk wird mit k angegeben.

Zur Anwendung der Abzählformel lösen wir ein **Beispiel**.

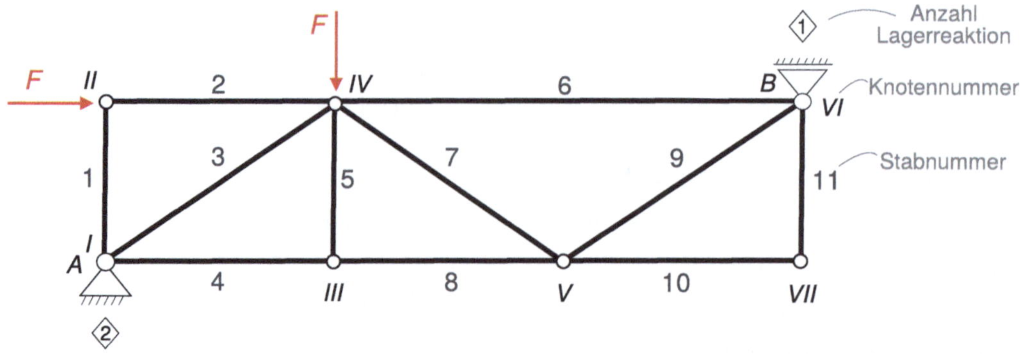

Mit $k = 7, s = 11$ und $r = 3$ folgt:

$$f = 2 \cdot k - (r + s) = 2 \cdot 7 - (3 + 11) = 14 - 14 = 0 \checkmark$$

Damit ist dieses Fachwerk statisch bestimmt.

Wenn die statische Bestimmtheit geprüft ist, müssen wir als hinreichende Bedingung die Verschiebbarkeit des Fachwerks mit Hilfe des Polplans prüfen. Der Polplan geht davon aus, dass das System als Ganzes starr ist. Das ist bei einfachen Balken immer gegeben. Damit wir das Fachwerk (das aus vielen Stäben, aber nicht aus Gelenken, sondern aus Knoten besteht) als starr annehmen dürfen, gibt es drei Bedingungen:

Bildungsgesetze

1. Das gesamte Fachwerk lässt sich ausgehend von einem starren Balken durch Anhängen von jeweils zwei Stäben und einem Knoten aus Dreiecken zusammensetzen.

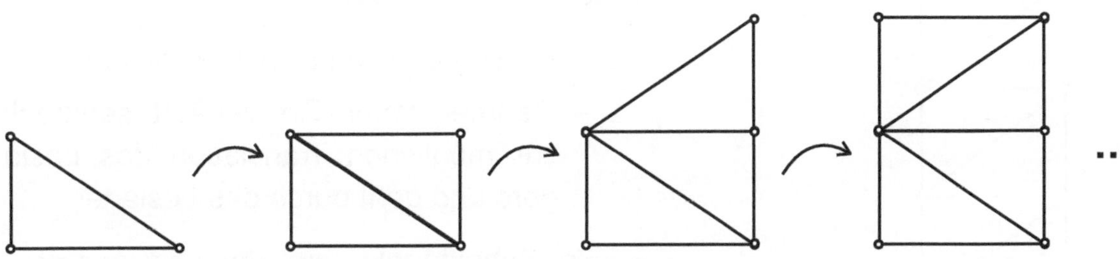

2. Liegen zwei in sich starre Fachwerke vor, sind sie als Verbindung auch stabil, wenn

> • sie mit drei Stäben verbunden sind, die nicht alle parallel oder
> • mit einem einzigen Knoten verbunden sind.

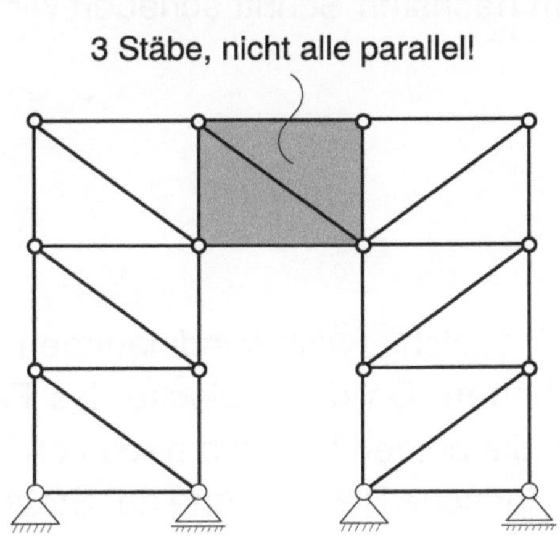

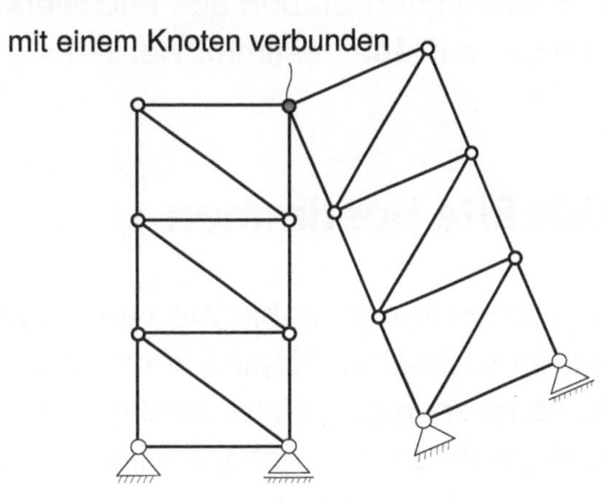

3. Wird an einem starren Fachwerk ein Stab entfernt (1) und an einer anderen Stelle (1') hinzugefügt, bleibt es starr.

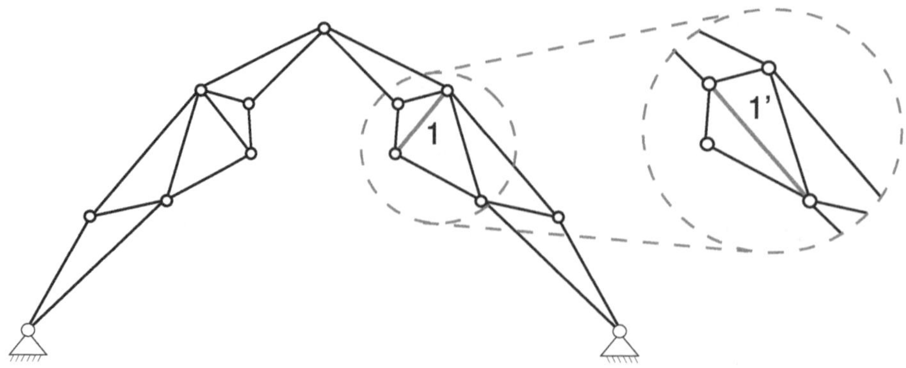

Wenn wir das gesamte Fachwerk als starr, also wie einen einzigen Stab annehmen dürfen, können wir seine Verschiebbarkeit mit dem Polplan prüfen. Hierzu siehst du hier ein **Beispiel**:

weiteres Beispiel

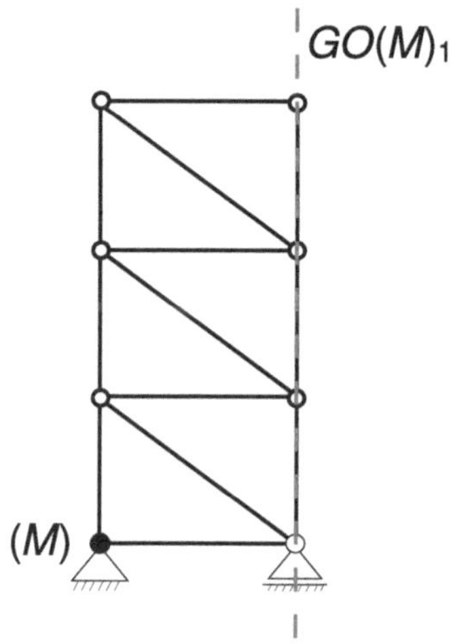

- nur Dreiecke ✓
- Regeln vom Polplan:
  - Pol (*M*) befindet sich im Festlager
  - Geometrischer Ort verläuft senkrecht zur möglichen Translation des Loslagers und geht durch das Loslager
- kein Schnittpunkt von Pol und geometrischem Ort bedeutet: System (Fachwerk) unverschieblich!

Das Fachwerk in unserem Beispiel ist also stabil.

Wenn ein Fachwerk belastet wird und Auflagerreaktionen entstehen, muss die Belastung durch das Fachwerk bis in die Lager geleitet werden. Es entstehen somit Kräfte in den Stäben des Fachwerks. Im nächsten Schritt schauen wir uns an, wie diese Kräfte bestimmt werden.

4.2 Stabkräfte bestimmen

Zur Berechnung der Stabkräfte verwenden wir Gleichgewichtsbedingungen, wie wir sie im vorherigen Kapitel kennengelernt haben. Da die Dreiecke des Fachwerks üblicherweise gleichschenklig sind (d.h. die beiden Seiten am rechten Winkel sind gleich lang), benötigen wir für die rechnerische Bestimmung der Stabkräfte nur etwas Trigonometrie.

Beim rechnerischen und zeichnerischen Knotenpunktverfahren sollte man immer mit einem Knoten beginnen, bei dem maximal zwei unbekannte Stabkräfte und mind. eine bekannte Kraft vorliegen.

4.2.1 Rechnerisches Knotenpunktverfahren

Nehmen wir noch einmal das Fachwerk aus dem Beispiel zur statischen Bestimmtheit (Abschnitt 4.1). Wie groß sind die Kräfte in den Stäben 1 und 2? Wir schneiden die Stäbe, für die wir uns interessieren, frei. Wichtig hierbei: Wir nehmen alle freigelegten Stäbe auf Zug an (sie zeigen also immer aus dem Stab heraus). Kommt anschließend ein negatives Ergebnis für eine Stabkraft heraus, wissen wir, dass es sich um einen Druckstab handelt. Ist die Stabkraft positiv, handelt es sich um einen Zugstab. Lageplan:

rechnerisches Knotenpunktverfahren

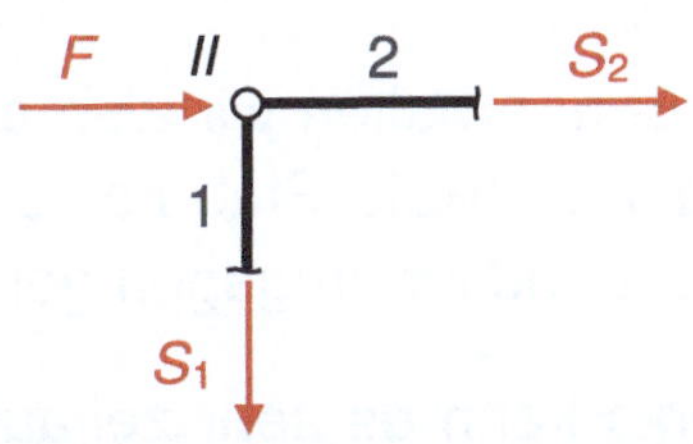

Für diesen Knoten können wir Gleichgewichtsbedingungen aufstellen, um die beiden unbekannten Stabkräfte zu berechnen.

$$(1)\quad \rightarrow:\quad F + S_2 = 0 \Leftrightarrow S_2 = -F \quad \text{(Druckstab)}$$

$$(2)\quad \downarrow:\quad S_1 = 0 \quad \text{(Nullstab später mehr dazu)}$$

Wie geht es weiter? Wir kennen nun zwei Stabkräfte des Fachwerks. Ausgehend von diesen bekannten Kräften können wir nun den nächsten Knoten freischneiden und erhalten ein zentrales Kraftsystem (vgl. Abschnitt 1.3). In dem wir auch dieses System lösen, können wir uns sukzessive durch das System arbeiten.

Hinweis: Zur Berechnung der Auflagerreaktionen benötigen wir nicht alle dazwischen liegenden Stabkräfte.

Ist das System statisch bestimmt und unverschieblich, können wir über die Gleichgewichtsbedingungen direkt die Auflagerreaktionen bestimmen. Die Auflagerreaktionen lassen sich dann in gewohnter Weise berechnen.

Im ersten Kapitel haben wir das Kräftepolygon kennengelernt. Diese Methode können wir nutzen, um die Stabkräfte zeichnerisch zu bestimmen.

4.2.2 Zeichnerisches Knotenpunktverfahren

zeichnerisches Knotenpunkt-verfahren

Schauen wir uns noch einmal den belasteten Knoten *II* aus dem Beispiel mit der horizontal wirkenden Kraft *F* an. Wenn wir die Stabkräfte zeichnerisch bestimmen wollen, ist dies eine schon bekannte Aufgabe (vgl. Fall 1 aus 1.3 - Wirkungslinie bekannt, Beträge der Kräfte gesucht). Da wir aus der Zeichnung die Wirkungslinien der unbekannten Stabkräfte kennen, können wir die Beträge der Kräfte zeichnerisch mit dem Kräfteplan bestimmen.

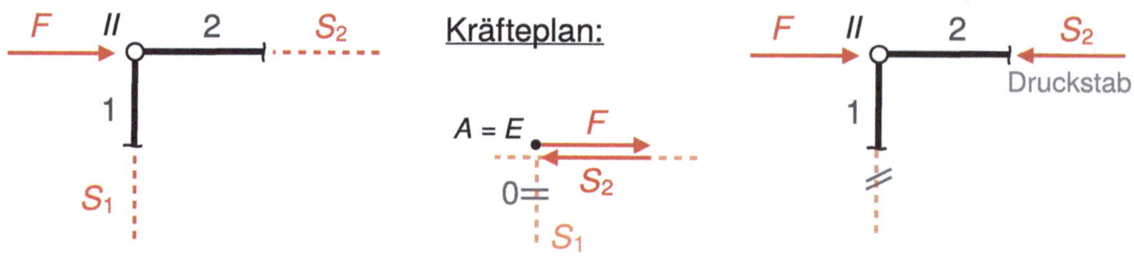

Um den Kräfteplan zu schließen, erhalten wir also auch im zeichnerischen Verfahren das Ergebnis, dass der vertikale Stab keine Kraft aufnimmt und S_2 der angreifenden Kraft *F* entspricht und ihr entgegen gerichtet ist (Druckstab).

Je nach Größe des Fachwerks kann es sehr zeitaufwendig sein, die mitten im Fachwerk liegenden Stabkräfte zu ermitteln. Manchmal lässt sich das aufwendige Ermitteln der davor liegenden Stabkräfte geschickt umgehen.

4.2.3 Ritterschnitt

Ritterschnitt

mehrere Schnitte (1)

mehrere Schnitte (2)

Schauen wir uns das folgende Fachwerk an. Bekannt seien F, a und α.

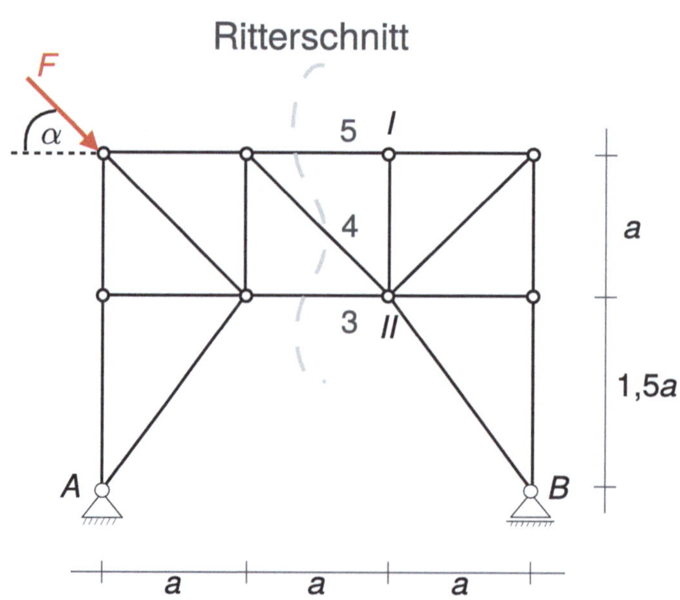

Wie können wir die Stabkraft 5 ohne große Vorbereitung bestimmen?

Hier hilft der **Ritterschnitt**:

> Schneide durch drei Stäbe, die nicht durch einen gemeinsamen Knoten bzw. Schnittpunkt verlaufen. Häufig: 2 Stäbe verlaufen durch einen Knoten und der 3. Stab nicht.

Für unser Beispiel ergibt sich der Ritterschnitt damit zur Berechnung von Stabkraft 5, in dem wir durch die Stäbe 3, 4 und 5 schneiden. Daraus folgt dieser Freischnitt:

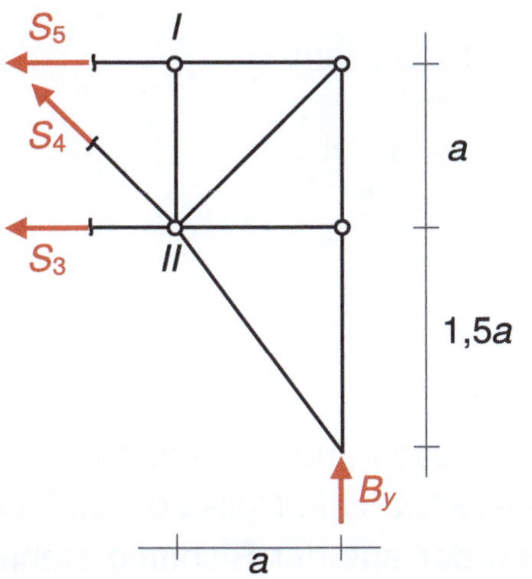

Wie nützt uns dieser Schnitt? Wir drehen um den Knoten *II*, wodurch die unbekannten Stabkräfte 3 und 4 entfallen. Wenn wir die Auflagerreaktion B_y berechnet haben (Gleichgewichtsbedingung am Gesamtsystem)

$$\overset{\curvearrowleft}{A}: \quad F \cdot \cos(\alpha) \cdot 2{,}5a - B_y \cdot 3a = 0$$

$$\Leftrightarrow \quad B_y = \tfrac{5}{6} F \cdot \cos(\alpha)$$

können wir unmittelbar die Stabkraft 5 bestimmen:

$$\overset{\curvearrowleft}{II}: \quad S_5 \cdot a + B_y \cdot a = 0 \quad \Leftrightarrow \quad S_5 = -B_y = -\frac{5}{6} F \cdot \cos(\alpha)$$

Es erfordert ein wenig Übung, die richtige Stelle für den Ritterschritt zu erkennen. Der Ritterschnitt beruht auf dem Prinzip, dass eben nicht alle Stäbe durch einen Knoten gehen. Wenn wir um den Knoten *II* drehen, durch den zwei der drei Stäbe gehen (Stab 3 und 4), entfallen beim Drehen genau diese unbekannten Stabkräfte.

Paradoxerweise können in belasteten Fachwerken **Nullstäbe** auftreten. Das sind Stäbe, die keine Kräfte aufnehmen, obwohl das Fachwerk belastet wird. Ohne dass es uns bewusst war, haben wir im Beispiel in 4.2.1 schon einen Nullstab entdeckt! Nullstäbe können die Berechnung der übrigen Stabkräfte vereinfachen.

4.3 Nullstäbe

Nullstäbe

Nullstäbe sind gewöhnungsbedürftig, denn intuitiv gehen wir davon aus, dass jeder Stab im Fachwerk Kräfte aufnimmt. Durch folgende Regeln können wir Nullstäbe in Fachwerken schnell identifizieren:

1. Sind zwei Stäbe an einem unbelasteten Knoten angeschlossen, die nicht in die gleiche Richtung zeigen, sind beides Nullstäbe. Das ist plausibel, denn wie sollte das Kräftepolygon geschlossen werden?

Lageplan:

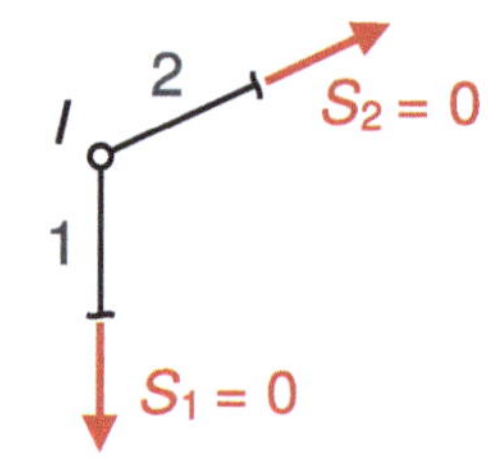

Kräfteplan:

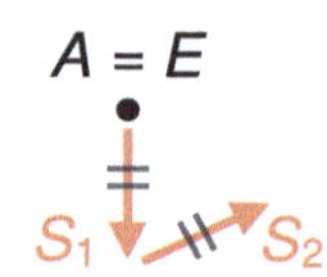

2. Sind zwei Stäbe an einem Knoten angeschlossen und liegt die angreifende Last in Richtung eines Stabes, ist der andere Stab ein Nullstab. Auch diese Erklärung ist einleuchtend, denn nur wenn der aus der Richtung stehende Stab keine Kraft aufnimmt, kann das Kräftepolygon geschlossen werden.

Lageplan:

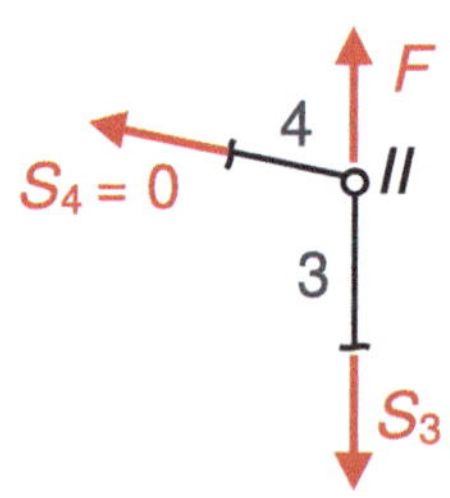

Kräfteplan:

3. Sind drei Stäbe an einem unbelasteten Knoten angeschlossen, von denen zwei in gleicher Richtung liegen, ist der dritte Stab ein Nullstab.

Lageplan:

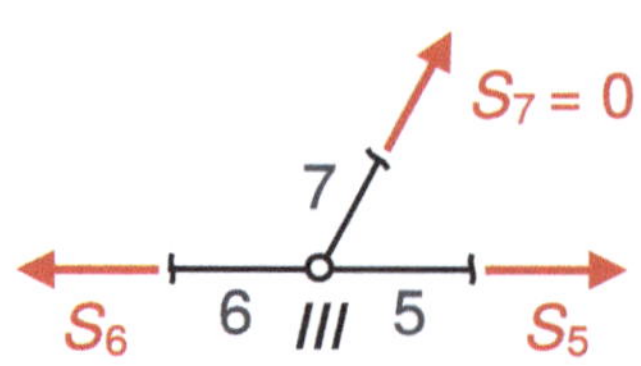

Kräfteplan:

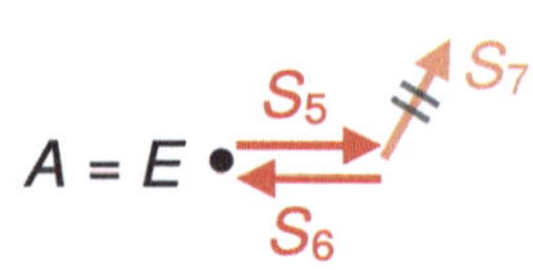

Wir üben diese Regeln. Findest du alle Nullstäbe in diesem uns bereits bekannten Fachwerk?[1]

Beispiel 1

Beispiel 2

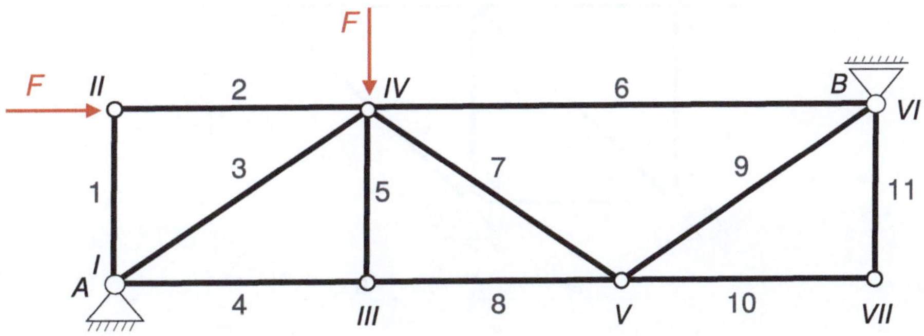

Wir können uns für Nullstäbe merken, dass wir

- nach unbelasteten Knoten Ausschau halten,
- an denen zwei Knoten angeschlossen sind.

Wenn diese Nullstäbe identifiziert sind, können unbelastete Knoten mit drei Stäben überprüft werden. Wir schließen das Kapitel zu Fachwerken in gewohnter Weise mit einigen Beispielen.

4.4 Aufgaben

Videobeispiele: Fachwerke

a) Statische Bestimmtheit b) Auflagerreaktionen c) Klausuraufgabe

[1] Mithilfe der Regeln erkennbar. Regel 1: S_{10}, S_{11}, Regel 2: S_1, Regel 3: S_5

Lösung

A.4.1 Gegeben ist das folgende Fachwerk. Bekannt seien F und a.

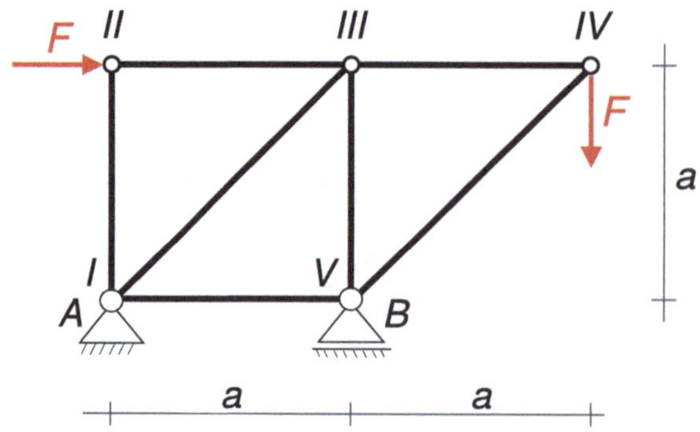

Folgende Aufgaben sind zu bearbeiten:

a) Prüfe das Fachwerk auf statische Bestimmtheit.

b) Berechne die Lagerreaktionen.

c) Nenne die Nullstäbe.

d) Bestimme alle Stabkräfte mit dem rechnerischen Knotenpunktverfahren.

Lösung

A.4.2 Gegeben ist das folgende Fachwerk. Bekannt seien F und a.

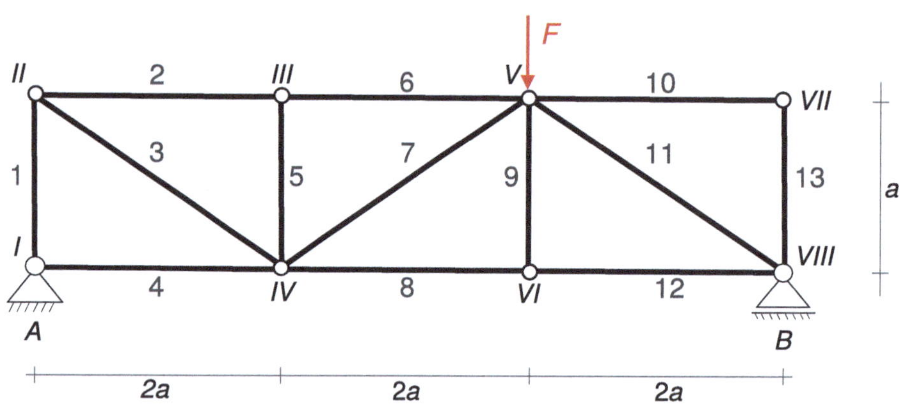

Folgende Aufgaben sind zu bearbeiten:

a) Prüfe das Fachwerk auf statische Bestimmtheit.

b) Berechne die Lagerreaktionen.

c) Nenne die Nullstäbe.

d) Bestimme die Stabkräfte S_1 und S_4 mit dem rechnerischen Knotenpunktverfahren. Gib dabei an, ob es sich um einen Zug- oder Druckstab handelt.

e) Bestimme die Stabkraft S_6 mit dem Ritterschnitt.

Nach dem Kapitel zu Fachwerken kehren wir zurück zu starren Balken. Bisher haben wir uns nur angeschaut, welche Auflagerreaktionen eine Kraft verursacht. Was passiert aber im Balken selbst?

5 Schnittgrößen

> In diesem Kapitel lernst du...
>
> - welche Größen auf dem Weg der Last zur Auflagerreaktion auftreten,
> - wie sie berechnet werden können und
> - welche unterschiedlichen Größen dabei in einem System auftreten.

Kräfte sind vektorielle Größen, die nach dem Einwirken auf den Rahmen eines Körpers durch ihn hindurch fließen. Wenn wir also einen Balken belasten und die Auflager darauf reagieren, müssen die Kräfte erstmal dorthin fließen. Die in einem Balken wirkenden Kräfte und Momente werden als Schnittgrößen bezeichnet. Sie sind wichtig, damit wir in der Technischen Mechanik 2 (*Festigkeitslehre*) berechnen können, ob ein System seine Belastung überhaupt erträgt.

5.1 Allgemeines

Ein starrer Balken ist fest-los-gelagert und wird mit einer Zugkraft horizontal und einer Druckkraft vertikal belastet. Wir wissen bereits, dass Reaktionen zu Belastungen in den Auflagern führt. Wenn wir nun den Balken links von der vertikalen Kraft freischneiden, sehen wir Kräfte, die im Balken wirken:

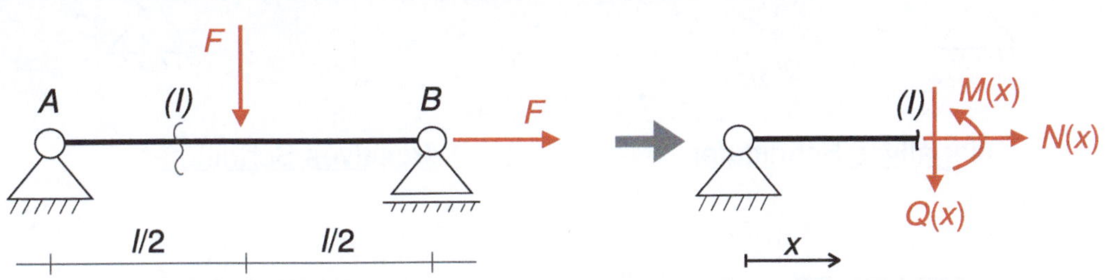

- Die Zugkraft verursacht eine **Normalkraft** $N(x)$, die senkrecht zum Querschnitt des Balkens (den wir bisher vernachlässigen) wirkt. Normal bedeutet mathematisch gesehen senkrecht zu etwas, hier also senkrecht zum Querschnitt.

- Die vertikale Druckkraft verursacht eine **Querkraft** $Q(x)$, die quer zum Balken wirkt.
- Wenn wir uns den Balken elastisch vorstellen, biegt er sich infolge der Querkraft durch. Die Querkraft multipliziert mir ihrem Hebelarm zum Auflager erzeugt ein **Biegemoment** $M(x)$. Da wir in der Statik von starren Körpern ausgehen, ist das Biegemoment zwar vorhanden, biegt den Balken jedoch (noch) nicht!

Diese drei Größen werden als Schnittgrößen bezeichnet, weil sie beim Freischneiden des Balkens entstehen. Je nachdem, wo im Balken sie berechnet werden, können sie unterschiedlich groß sein. Die Schnittgrößen hängen also von der Position ab, weshalb wir sie in Abhängigkeit der Balkenposition x angeben.

Die Definition der Richtung bzw. des Drehsinns wird üblicherweise vorgegeben. Wenn wir den Balken oben freischneiden, entsteht ein linkes und ein rechtes „Schnittufer". Da der Balken ruht, müssen sich die Kräfte in den Teilschnitten gegenseitig aufheben (actio = reactio). In diesem Heft nutzen wir folgende Definitionen:

- Die Normalkraft wird auf Zug angenommen.
- Das Biegemoment biegt den Balken „nach oben".
- Die Querkraft wird am linken Schnittufer nach unten und am rechten Schnittufer dementsprechend nach oben angenommen.

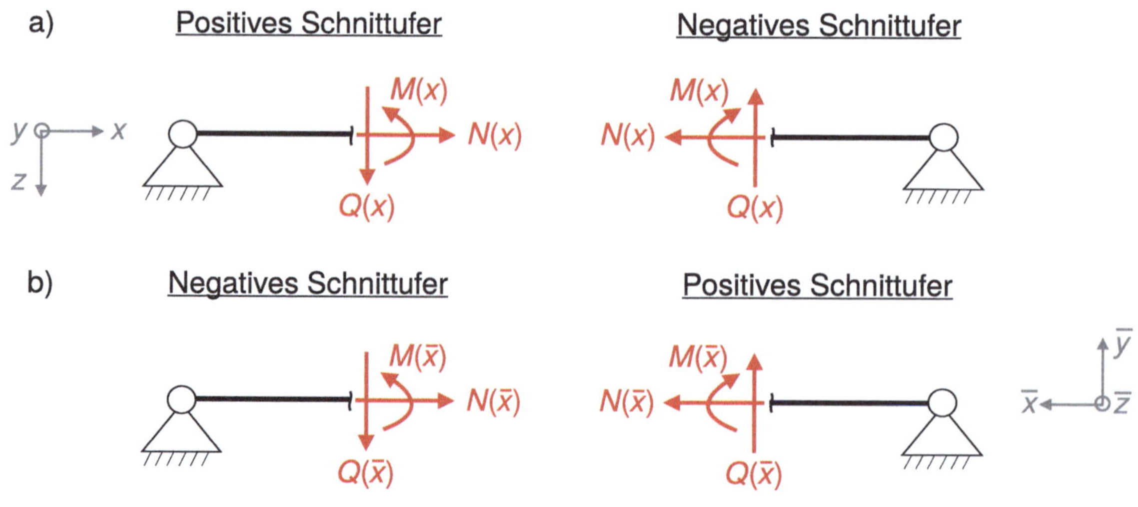

Damit stellt sich die Frage, wie Schnittgrößen berechnet werden können. Dabei helfen uns wieder die Gleichgewichtsbedingungen.

5.2 Berechnung

Schauen wir uns nochmal das System von oben an:

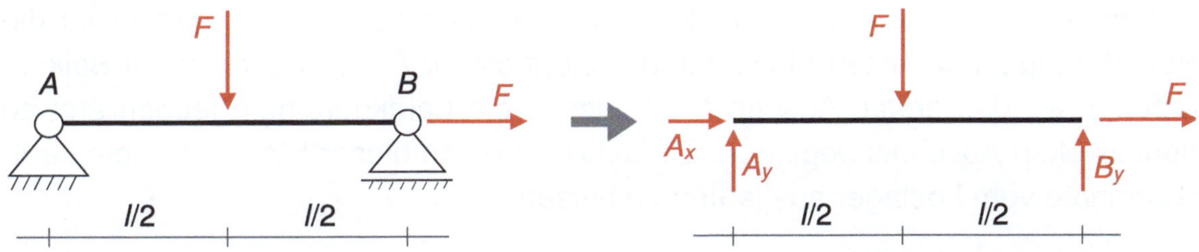

Zunächst müssen wir die Auflagerreaktionen berechnen, wie wir es im dritten Kapitel kennen gelernt haben:

$$A_x = -F \quad \text{und} \quad A_y = B_y = \frac{F}{2}$$

Nun müssen wir den Balken freischneiden, um den Freischnitt an einem der Schnittufer des Balkens zu erhalten. Dabei gilt, dass wir bei jeder Änderung des Balkens durch

- eine angreifende Kraft oder
- eine Änderung der Geometrie (z.B. ein Winkel)

erneut schneiden müssen. Das sieht exemplarisch wie folgt aus:

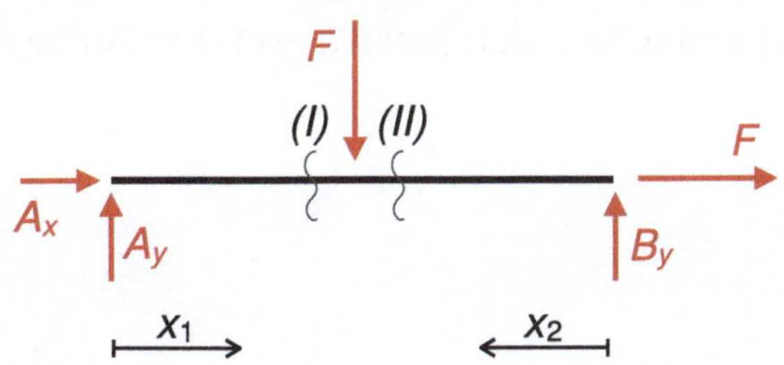

Es entstehen also mehrere Abschnitte, denen wir jeweils einen Index geben. Das wird uns später die Auswertung erleichtern. Nun zeichnen wir für den ersten Abschnitt den Freischnitt und beginnen am linken Auflager. Die Berechnung der Schnittgrößen erfolgt nun mit den Kräftegleichgewichten in allen Freiheitsgraden.

Bereich *(I)*: $0 \leq x_1 \leq \frac{l}{2}$

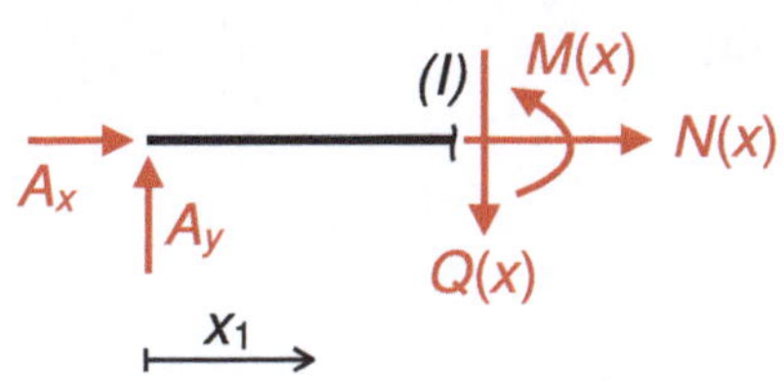

$$\begin{aligned}
\rightarrow: &\quad A_x + N(x) = 0 \Rightarrow N(x) = -A_x = F \\
\uparrow: &\quad A_y - Q(x) = 0 \Rightarrow Q(x) = A_y = \tfrac{F}{2} \\
\overset{\curvearrowleft}{(I)}: &\quad M(x) - A_y \cdot x_1 = 0 \Rightarrow M(x) = A_y \cdot x_1 = \tfrac{F}{2} \cdot x_1
\end{aligned}$$

Die Schnittgrößen entlang eines Abschnittes können konstant sein (wie hier die Normalkraft und die Querkraft), sie können jedoch auch eine lineare Funktion in Abhängigkeit der Laufkoordinate x_1 sein (wie das Biegemoment).

Haben wir die Schnittgrößen für den ersten Abschnitt berechnet, setzen wir die Berechnung im nächsten Abschnitt fort. Liegt dieser Abschnitt mitten im Balken, nehmen wir den ersten Abschnitt mit, lassen die Laufkoordinate jedoch erst ab dem zweiten Abschnitt beginnen. Einfacher ist es an dieser Stelle aber, die Laufkoordinate vom Loslager aus laufen zu lassen.

Nun werden erneut die Gleichgewichtsbedingungen aufgestellt, um die Schnittgrößen zu berechnen.

Bereich *(II)*: $0 \leq x_2 \leq \frac{l}{2}$

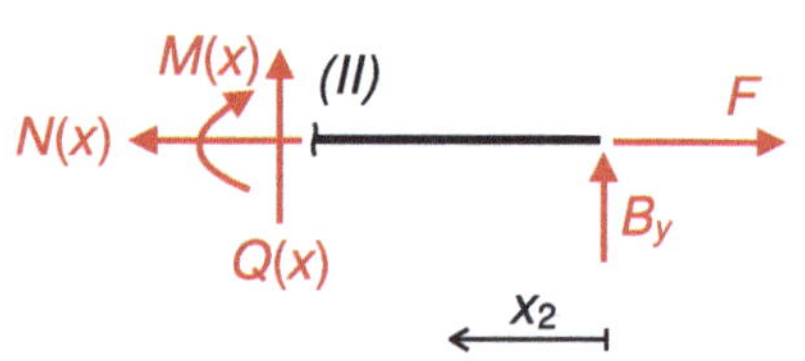

$$\rightarrow: \quad F - N(x) = 0 \Rightarrow N(x) = F$$

$$\uparrow: \quad B_y + Q(x) = 0 \Rightarrow Q(x) = -B_y = -\frac{F}{2}$$

$$\overset{\curvearrowright}{(II)} \quad M(x) - B_y \cdot x_2 = 0 \Rightarrow M(x) = B_y \cdot x_2 = \frac{F}{2} \cdot x_2$$

Je nach Anzahl der Abschnitte des Systems gibt es verschiedene Möglichkeiten, die Schnittgrößen zu berechnen. Ausgehend von einem Auflager sollten immer nur so viele Abschnitte wie möglich berücksichtigt werden. Natürlich können die Schnittgrößen von links nach rechts oder andersherum berechnet werden. Dadurch werden die Gleichgewichtsbedingungen jedoch auch abschnittsweise länger. Es ist deshalb oft einfacher, sich jeweils von den Auflagern her der Mitte des Systems zu nähern.

5.3 Auswertung

Querkraft zeichnerisch (1)

Querkraft zeichnerisch (2)

Nach erfolgter Berechnung der Abschnitte muss das Ergebnis dargestellt werden. Hierfür wird der Balken für jede Schnittgröße und deren Verlauf einmal dargestellt.

Zur Darstellung des Verlaufs interessiert

- der **Betrag** der Schnittgröße an den Rändern des jeweiligen Abschnitts
- der **Verlauf** der Schnittgröße über dem Abschnitt (konstant, linear, quadratisch oder kubisch)

Das sieht für unser Beispiel dann wie folgt aus:

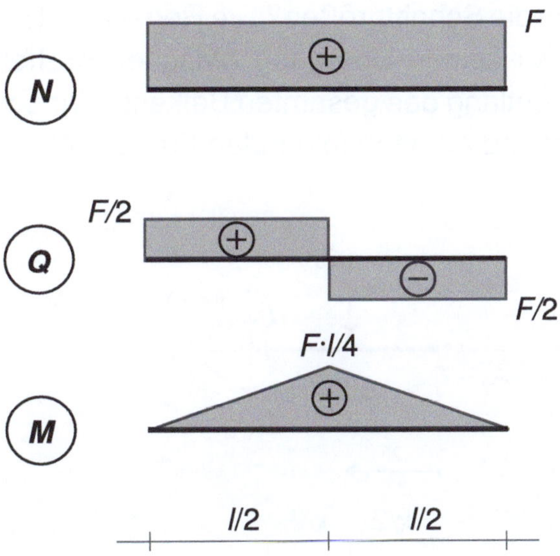

Bisher haben wir nur Kräfte auf den Balken wirken lassen. Die Berechnung der Schnittgrößen wird aufwendiger, wenn stattdessen oder sogar zusätzlich zu Kräften **Streckenlasten** wirken.

5.4 Streckenlasten

Streckenlasten sind uns im Kapitel zu Auflagerreaktionen bereits begegnet. Dort durften wir die Auflagerreaktion durch eine Resultierende ersetzen, deren Wirkungslinie und Betrag sich aus der geometrischen Fläche der Streckenlast ergab. Bei der Berechnung von Schnittgrößen infolge von Streckenlasten wird die Berechnung der Resultierenden anspruchsvoller.

Nehmen wir noch einmal den Balken aus dem vorherigen Beispiel und ersetzen die vertikal angreifende Kraft F durch eine Streckenlast der Größe q_0. Aus der Streckenlast können wir eine Resultierende R bestimmen, deren Betrag dem Flächeninhalt der Streckenlast entspricht (hier: Höhe · Länge = $q_0 \cdot l$) und im Schwerpunkt der Streckenlast angreift.

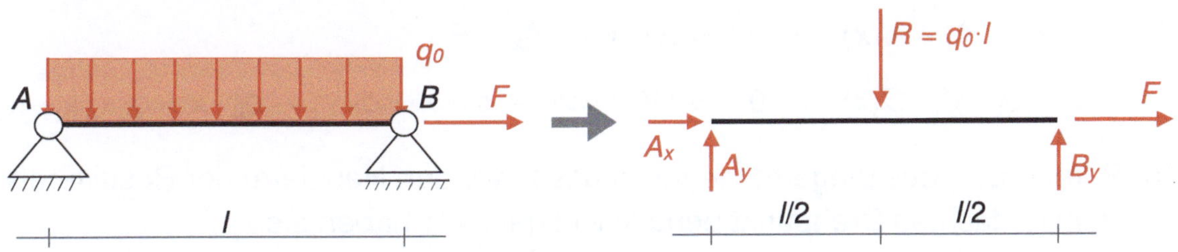

Die Auflagerreaktionen lauten dann

$$A_x = -F \quad \text{und} \quad A_y = B_y = q_0 \cdot \frac{l}{2}$$

Wie berechnen wir nun die Schnittgrößen? Die Regel zum Erstellen der Freischnitte hilft hier nicht, da wir keinen Übergang zwischen Kräften haben. Schließlich wirkt die Streckenlast entlang des gesamten Balkens. Wir schneiden deshalb mitten in die Streckenlast und erhalten folgenden Freischnitt:

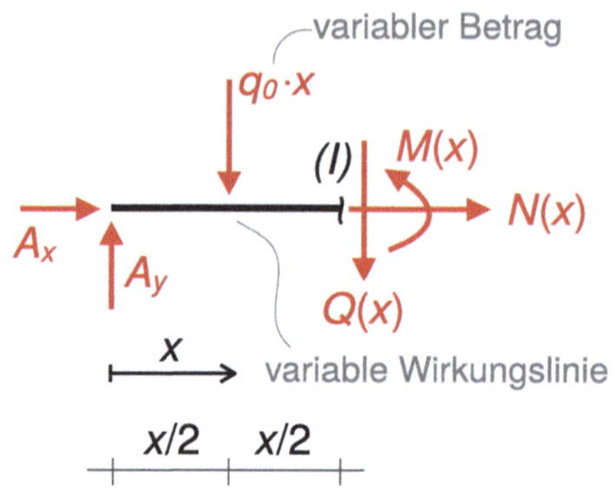

Wir müssen also die Auflagerreaktion und die Streckenlast berücksichtigen. Hierbei müssen wir beachten, dass

- Betrag und Position der Resultierenden der Querkraft variabel sind!

Je nachdem, wo genau wir in die Streckenlast schneiden, ändert sich ihr Betrag. Die Streckenlast q_0 wird dann jeweils mit einer variablen Balkenlänge x multipliziert.

Genauso ändert sich die Wirkungslinie der Resultierenden. Sie liegt immer auf einem bestimmten Anteil der Laufvariablen x, bei

- Rechtecklasten auf der Hälfte der anteiligen Streckenlast
- Dreiecken bei $\frac{2}{3}x$ ausgehend von der Nullstelle der anteiligen Streckenlast

Zur Berechnung der Schnittgrößen muss also jeweils der entsprechende Anteil der Resultierenden und deren laufende Wirkungslinie berücksichtigt werden. Für die Berechnung der Normal- und Querkraft sieht das wie folgt aus:

$$\rightarrow: \quad A_x + N(x) = 0 \Rightarrow N(x) = -A_x = F$$

$$\uparrow: \quad A_y - q_0 \cdot x - Q(x) = 0 \Rightarrow Q(x) = A_y - q_0 \cdot x = q_0 \cdot \frac{l}{2} - q_0 \cdot x = q_0 \cdot (\frac{l}{2} - x)$$

Zur Berechnung des Biegemomentes müssen wir den Hebelarm der Resultierenden zum gedachten Drehpunkt berücksichtigen. Wir haben also

- den Betrag der Resultierenden in Abhängigkeit der Laufkoordinate x
- und multiplizieren diesen Betrag mit einem von der Balkenkoordinate x abhängigen Hebelarm

Damit können wir eine Gleichgewichtsbedingung für die Momente um den gedachten Drehpol aufstellen und den Verlauf des Biegemomentes bestimmen.

$$\overset{\curvearrowleft}{(I)} \quad M(x) + q_0 \cdot x \cdot \frac{x}{2} - A_y \cdot x = 0$$

Durch Vereinfachen erhalten wir dann eine Gleichung zum Biegemoment in Abhängigkeit von x. Der charakteristische Verlauf des Biegemomentes infolge einer rechteckigen Streckenlast ist quadratisch. In diesem Beispiel ist das Biegemoment in den beiden Lagern gleich 0 (weil diese kein Moment aufnehmen können) und in der Mitte wird das Biegemoment maximal mit $M(x = \frac{l}{2}) = \frac{q_0 \cdot l^2}{8}$.

$$\begin{aligned} \Rightarrow \quad M(x) &= -q_0 \cdot x \cdot \tfrac{x}{2} + A_y \cdot x \\ \Leftrightarrow \quad &= -q_0 \cdot x \cdot \tfrac{x}{2} + q_0 \cdot \tfrac{l}{2} \cdot x \\ \Leftrightarrow \quad &= \tfrac{q_0}{2} \cdot (l \cdot x - x^2) \end{aligned}$$

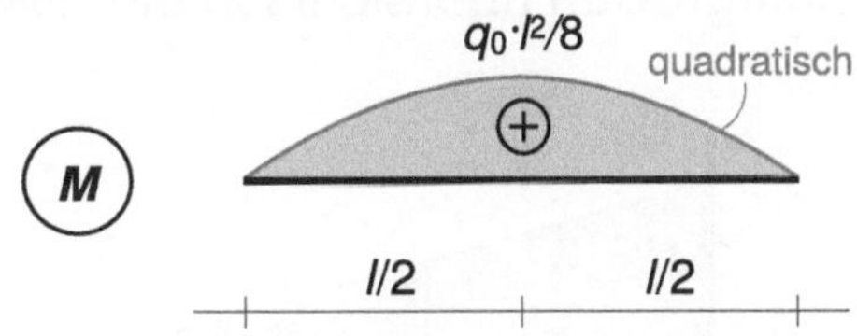

Übrigens: Treten neben Streckenlasten auch Einzelkräfte auf, wird die Streckenlast als einzelner Abschnitt gelöst.

Nach so viel Theorie schließen wir das Kapitel mit Beispielen mit und ohne Streckenlasten.

5.5 Aufgaben

Videobeispiele: unterschiedliche Belastungen

a) Fest-Los-Lager mit Einzellast

b) Fest-Los-Lager mit Streckenlast

c) Fest-Los-Lager mit Dreieckslast

d) Kragarm mit Streckenlast

Videobeispiele: geometrische Besonderheiten

a) mit Ecke

b) mit Schräge

c) Kreisbogen

Lösung

A.5.1 Bestimme die Schnittgrößen und stelle die charakteristischen Verläufe der Schnittgrößen übersichtlich dar. Bekannt: $F = 10$ kNm, $l = 1$ m.

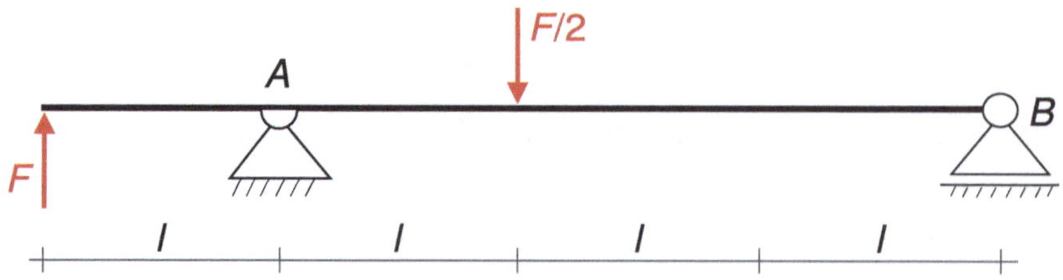

Lösung

A.5.2 Bestimme die Schnittgrößen und stelle die charakteristischen Verläufe der Schnittgrößen übersichtlich dar. Bekannt: $q_0 = \frac{F}{l}, l$.

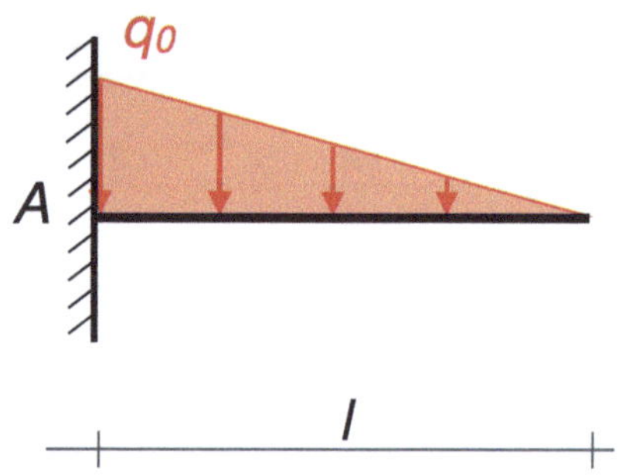

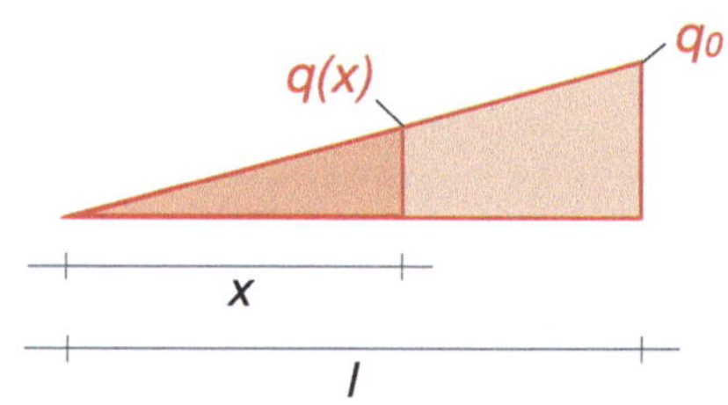

Hinweise: Es ist nicht notwendig, für die Schnittgrößen die Auflagerkräfte zu bestimmen. Die Höhe der Streckenlast ist nicht mehr q_0, sondern $q(x)$. Durch den Schnitt ist die Höhe nun abhängig von der Variable x. Hier hilft der gute alte Strahlensatz: $\frac{q_0}{l} = \frac{q(x)}{x} \Leftrightarrow q(x) = \frac{q_0}{l} \cdot x$

Lösung für Auflager

Lösung für Schnittgrößen

A.5.3 Bestimme die Schnittgrößen und stelle die charakteristischen Verläufe der Schnittgrößen übersichtlich dar. Bekannt: q_0, a.

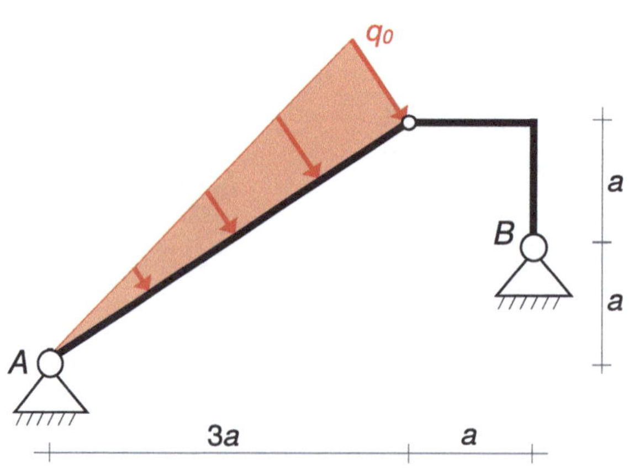

Nach diesen Beispielen machen wir weiter mit dem nächsten Kapitel. Bisher haben wir uns nur zweidimensionale Systeme angeschaut. Wie funktioniert die Berechnung von Kräften in dreidimensionalen Systemen?

6 Räumliche Tragwerke

> In diesem Kapitel lernst du...
>
> - wie Kräfte und Freiheitsgrade in dreidimensionalen Systemen definiert und berechnet werden,
> - wie Schnittgrößen im Raum berechnet werden und
> - wie die Berechnung von mehrteiligen räumlichen Tragwerken abläuft.

Dreidimensionale Systeme oder Tragwerke erfordern ein wenig mehr Vorstellungsvermögen. Es geht darum, in welcher Raumrichtung eine Belastung eigentlich welche Gegenkräfte und Momente verursacht.

6.1 Einleitung

Ein Balken im Raum hat sechs Freiheitsgrade. Er kann sich

> - in drei Richtungen durch Translation bewegen

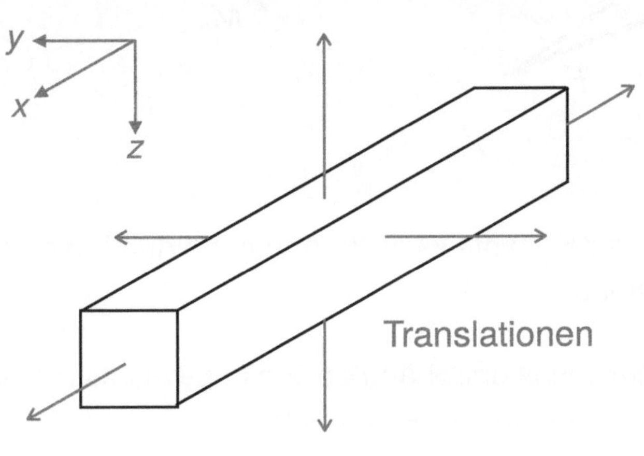

- um drei Achsen durch Rotation bewegen (eine davon ist immer die Achse durch den Körper selbst)

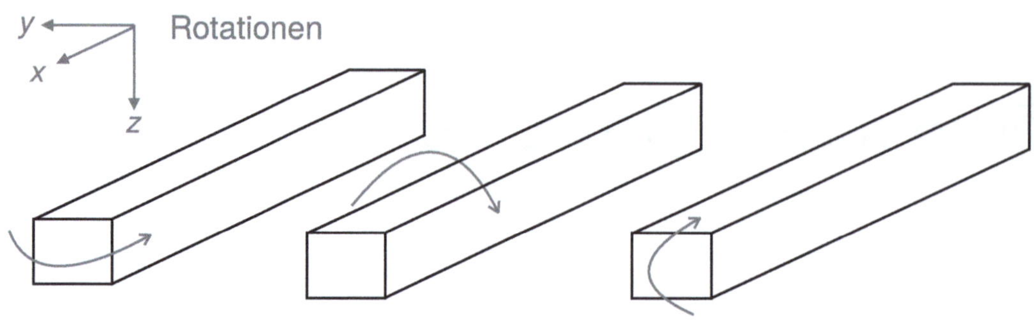

Ein Balken im Raum muss also so gelagert sein, dass seine sechs Freiheitsgrade gesperrt sind. Wird ein Balken fest eingespannt und durch eine schräge Kraft

$$\vec{F} = \begin{pmatrix} F_x \\ F_y \\ F_z \end{pmatrix}$$

belastet, können insofern sechs Auflagerreaktionen in dieser Einspannung auftreten.

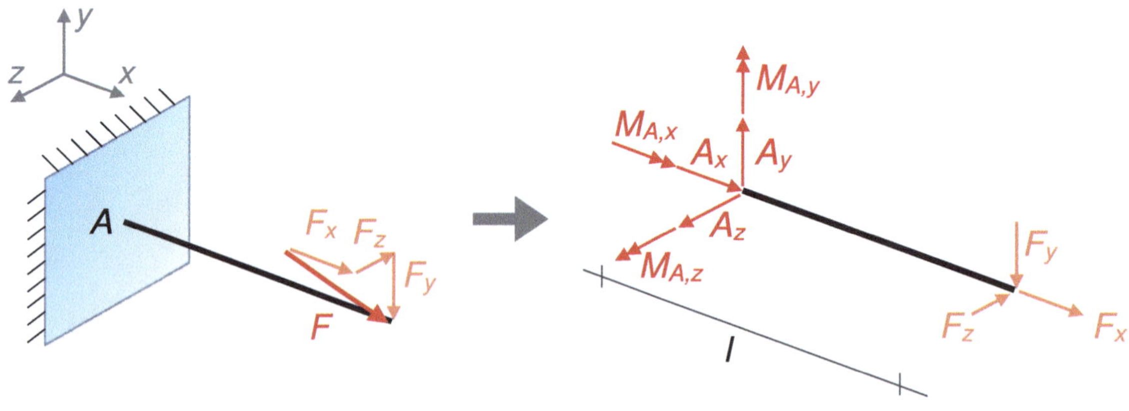

Dabei sind die Momente um die jeweiligen Achsen durch einen Pfeil mit doppelter Spitze gekennzeichnet.

Wir können im Raum sechs unabhängige Gleichgewichtsbedingungen aufstellen, um diese Auflagerreaktionen zu berechnen:

- drei Kräftegleichgewichte in alle Richtungen des Raums
- drei Momentengleichgewichte um die Drehachsen des Raumes

Für das Beispiel sehen die Gleichgewichtsbedingungen dann wie folgt aus:

$$
\begin{aligned}
\rightarrow x: &\quad A_x + F_x &= 0 &\Rightarrow A_x = -F_x \\
\rightarrow y: &\quad A_y - F_y &= 0 &\Rightarrow A_y = F_y \\
\rightarrow z: &\quad A_z - F_z &= 0 &\Rightarrow A_z = F_z \\
\twoheadrightarrow x_{(A)}: &\quad M_{A,x} &= 0 & \\
\twoheadrightarrow y_{(A)}: &\quad M_{A,y} + F_z \cdot l &= 0 &\Rightarrow M_{A,y} = -F_z \cdot l \\
\twoheadrightarrow z_{(A)}: &\quad M_{A,z} - F_y \cdot l &= 0 &\Rightarrow M_{A,z} = F_y \cdot l
\end{aligned}
$$

Mit $\rightarrow x$: ist gemeint, dass die Summe aller Kräfte in der gekennzeichneten Richtung (hier x-Richtung) gebildet wird. $\twoheadrightarrow x_{(A)}$: meint die Summe aller Momente in der gekennzeichneten Richtung durch einen bestimmten Punkt (hier um die x-Achse, die durch den Punkt A verläuft).

Bei der Aufstellung der Momentengleichgewichte wird ein wenig räumliches Vorstellungsvermögen benötigt. Wir müssen erkennen, welche Kraft mit welchem Hebelarm um eine bestimmte Achse dreht. Dazu hilft es am Anfang, einen Stift in der Hand zu halten und die Koordinatenachsen mit der rechten Hand (Daumen, Zeigefinger, Mittelfinger gleich x,y,z-Achse) zu halten. Als Hebelarm der Kraft gilt dabei immer der kürzeste Abstand der Wirkungslinie zum Drehpunkt.

Schließlich müssen wir festlegen, welcher Drehsinn eigentlich positiv und welcher negativ ist. Hierfür nutzen wir die „Rechte-Hand-Regel". Der Daumen der rechten Hand zeigt in Richtung der Achse, um die eine Kraft dreht. Dabei muss man sich schon mal ein bisschen verrenken! Nun schließen wir die rechte Hand. Der Drehsinn, in dessen Richtung sich die rechte Hand schließt, ist der positive Drehsinn.

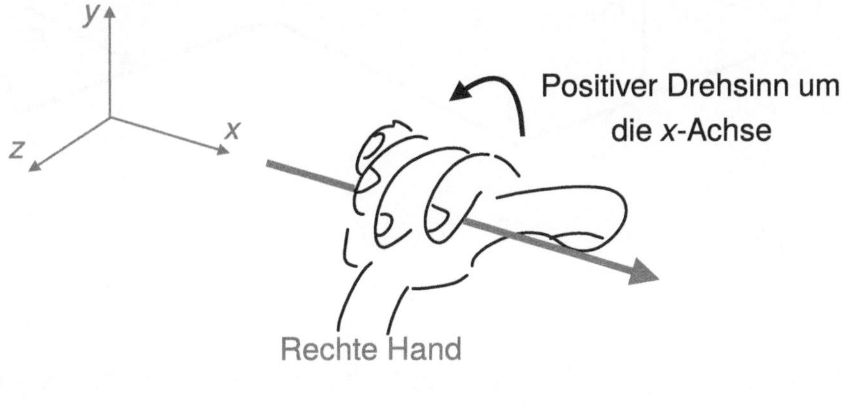

Zur Bestimmung der Drehrichtung gibt es noch zusätzliche Regeln, die das Vorgehen vereinfachen:

- Eine Kraft, deren Wirkungslinie parallel zur Drehachse ist, erzeugt zu dieser Achse kein Drehmoment.
- Eine Kraft, deren Wirkungslinie durch die Drehachse führt, erzeugt zu dieser Achse kein Drehmoment.

Das können wir uns anhand einer Zeichnung klar machen:

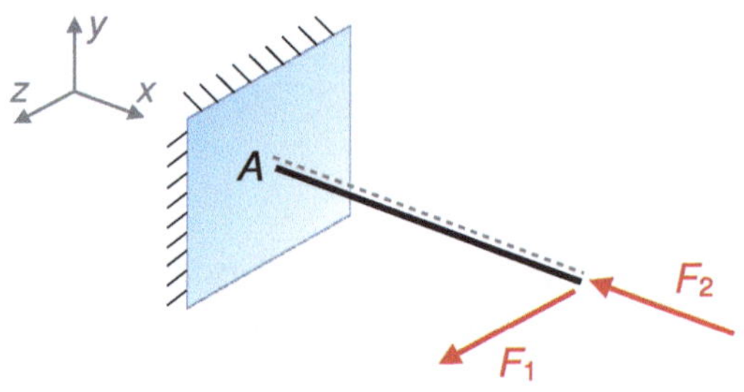

Da $F_1 || z-$Achse (parallel), resultiert kein Drehmoment bezüglich der z-Achse.

Da F_2 durch die z-Achse verläuft, resultiert ebenfalls kein Drehmoment.

Ein eingespannter Balken ist der einfachste Fall eines dreidimensionalen Tragwerks. Im nächsten Abschnitt schauen wir uns Tragwerke mit mehreren Balken an.

6.2 Mehrteilige Tragwerke

Die statische Bestimmtheit dreidimensionaler mehrteiliger Tragwerke betrachten wir als gegeben. Uns interessiert nun, wie wir die Auflagerreaktionen in so einem Tragwerk bestimmen können. Schauen wir uns dazu ein **Beispiel** an. Gegeben sei das folgende Tragwerk.

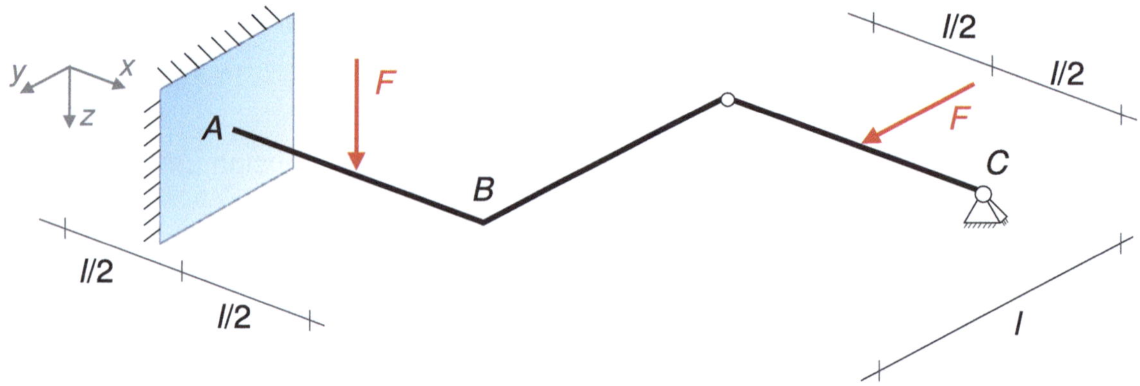

Der Freischnitt der Auflager offenbart, dass dieses System mehr als sechs Auflagerreaktionen aufweist.

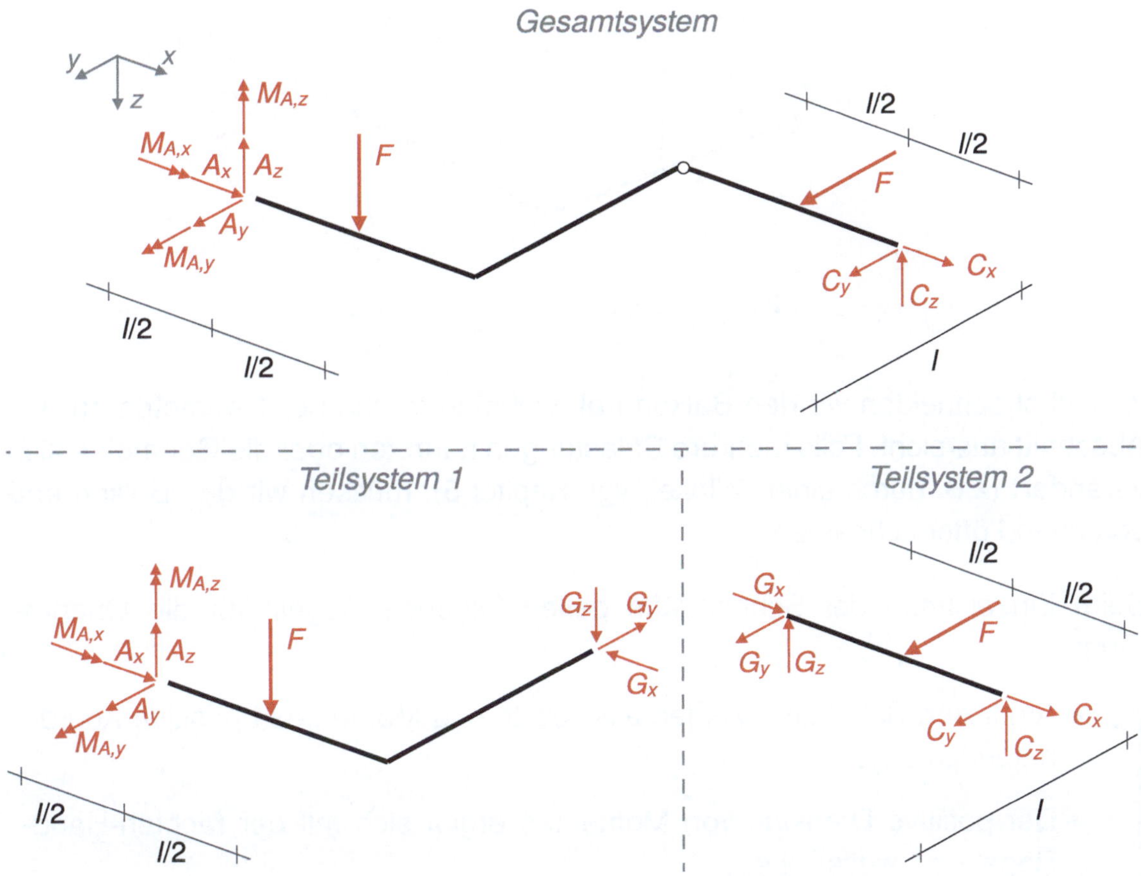

Damit wir die Auflagerreaktionen trotzdem bestimmten können, sind zwei Dinge zu beachten:

- Die Gelenke zwischen den Stäben müssen freigeschnitten werden. Wir erhalten Teilsysteme, in denen jeweils maximal sechs Unbekannte auftauchen, sodass wir nach und nach die Auflagerreaktionen bestimmen können.
- Gelenke im Raum nehmen nur Kräfte, jedoch keine Momente auf. Das liegt daran, dass sie Momente durch Drehung in Bewegung umwandeln würden, sie müssen also Drehmomente nicht „ertragen“.

Wir lösen das Beispiel zum besseren Verständnis im Video.

Lösung zum Beispiel

Nach diesem Beispiel klären wir zum Abschluss des Kapitels, wie Schnittgrößen in dreidimensionalen Tragwerken berechnet werden können.

6.3 Schnittgrößen

Wir verwenden erneut einen eingespannten Balken. Die vektorielle Belastung erzeugt sechs Auflagerreaktionen in der Einspannung. Wie berechnen wir die Schnittgrößen im Balken?

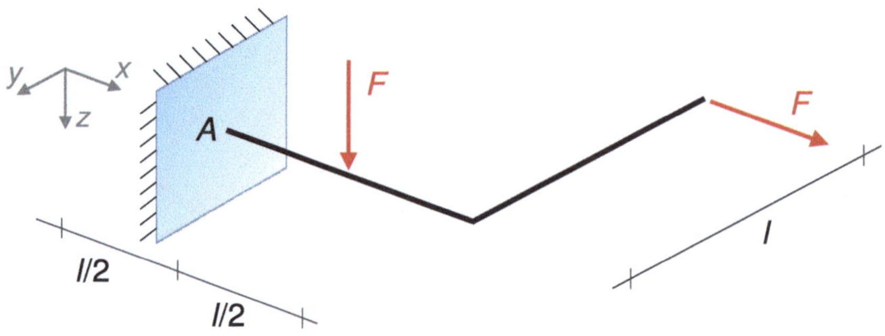

Zunächst schneiden wir den Balken frei, wobei aufgrund der Geometrie nur ein Abschnitt ausreicht. Falls mehrere Belastungen auftreten oder die Geometrie sich verändert (z.B. durch einen Winkel, vgl. Kapitel 5), müssen wir den Balken entsprechend öfter schneiden.

Beim Einzeichnen der Schnittkräfte gelten folgende Regeln für die Orientierung:

- Am linken Schnittufer zeigen alle Kräfte und Momente in positive Koordinatenrichtung.
- Der positive Drehsinn von Momenten ergibt sich mit der rechten-Hand-Regel (vgl. weiter oben).

Einzeichnung Schnittgrößen

weiteres Beispiel

Damit ergibt sich für den ersten Bereich, ausgehend von der Einspannung, der folgende Freischnitt:

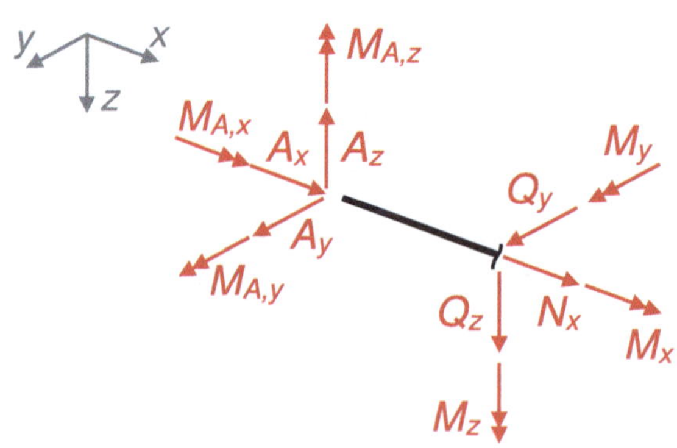

Lösung zum Beispiel

Die Berechnung der Schnittkräfte erfolgt dann wie bei ebenen Tragwerken. Wir lösen das Beispiel im Video.

Damit schließen wir Kapitel zur räumlichen Tragwerken und wenden uns einem weiteren Aspekt der Statik zu. Wer sich schon mal mit bloßen Händen schnell an einem Seil herabgelassen hat, kennt Reibung sehr genau. Wir schauen uns im nächsten Kapitel an, was Reibung eigentlich ist und wie wir sie berechnen können.

6.4 Aufgaben

A.6.1 Das räumliche System wird durch drei verschieden große Einzellasten belastet. Bestimme alle Auflagerreaktionen.
Bekannt: $F = 100$ N, $a = l = 2$ m

Lösung

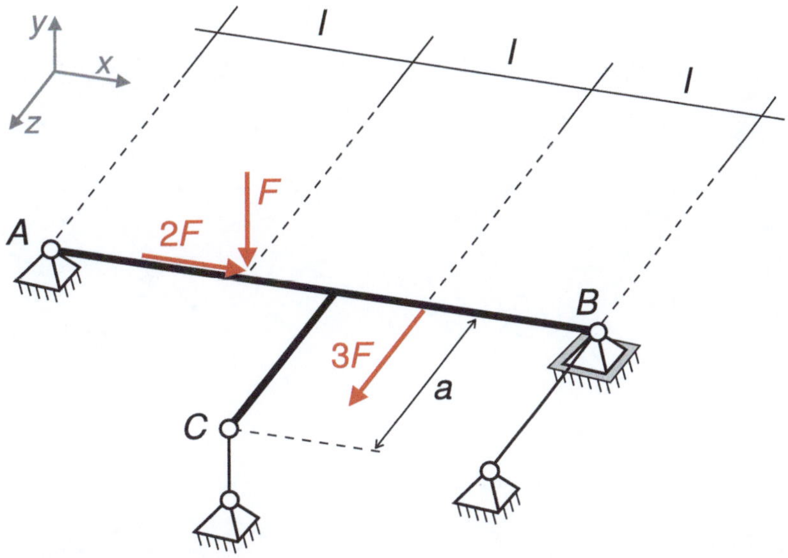

A.6.2 Das räumliche System wird durch fünf Einzellasten und einem Moment belastet. Bestimme alle Auflagerreaktionen.

a) Bestimme alle Auflagerreaktionen.

b) Bestimme die Schnittgrößen.

Bekannt: $F_1 = 400$ N, $F_2 = 500$ N, $F_3 = 200$ N, $F_4 = 100$ N, $F_5 = 300$ N, $l = 1$ m

Lösung für Auflager

Lösung für Schnittgrößen

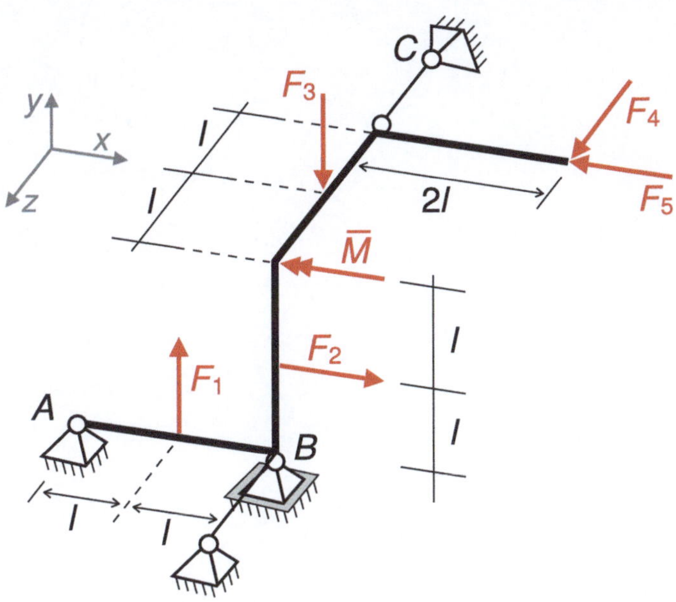

Notizen

7 Reibung

> In diesem Kapitel lernst du...
> - was Reibung ist und wie sie definiert ist und
> - wie unterschiedliche Arten von Reibung wirken und berechnet werden.

Wir alle haben intuitiv eine Vorstellung von Reibung. Formal definieren wir Reibung als

Widerstand gegen die Relativbewegung zweier Körper durch Gleiten, Rollen oder Abwälzen.

Dabei spielt es für die Relativbewegung keine Rolle, welcher der beiden Partner (oder beide) sich bewegen. Da wir in der Statik keine Bewegungen zulassen, schauen wir uns durch Reibung verhinderte Bewegung an.

7.1 Allgemeines

Eine Stein liegt am Boden und eine unter dem Winkel α angreifende Kraft F versucht den Stein erfolglos nach links zu schieben. Welche Kräfte wirken hier?

Beispiel

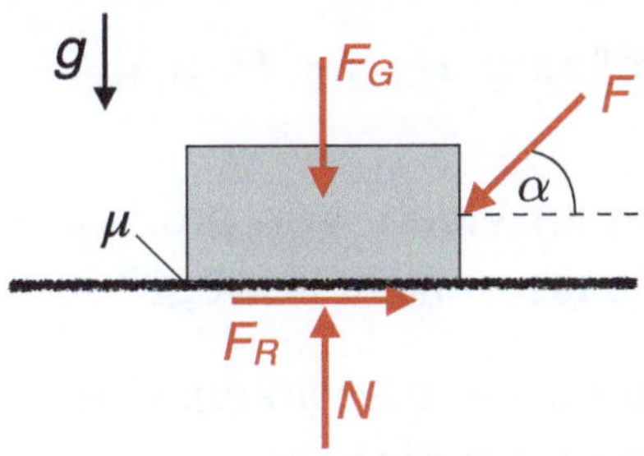

- Die Erdbeschleunigung zieht den Stein mit seiner Gewichtskraft F_G an.
- Der Stein versinkt nicht im Boden, weil dieser ihm eine Normalkraft N entgegen hält. Die Normalkraft heißt so, weil sie senkrecht zum Boden wirkt.

- Die Kraft F wirkt nach links.

Da die Masse nicht gelagert ist, müsste die Kraft sie bewegen können. Es muss also eine Gegenkraft wirken, sodass auch horizontal ein Kräftegleichgewicht besteht.

Wir definieren die Reibkraft F_R infolge der versuchten Relativbewegung zweier Kontaktflächen:

$$F_R = \mu \cdot N$$

Dabei ist μ der Haftreibungskoeffizient. Er hängt von der Beschaffenheit der Oberflächen ab, die aneinander reiben. Je rauer die Kontaktflächen, desto höher der Haftreibungskoeffizient und desto höher dementsprechend die Reibkraft.

Achtung! Das oben dargestellte Haftreibungsgesetz gilt nur, wenn die Reibung die Kiste noch von der Bewegung abhalten kann. Beginnt die Bewegung, sprechen wir von Gleitreibung, die mit einem anderen (niedrigeren) Reibungskoeffizienten verbunden ist. Wir sprechen deshalb genauer ab jetzt vom Haftreibungskoeffizienten μ_H.

Das oben dargestellte Gesetz wird auch als **Coulombsche Reibung** bezeichnet. Die Reibung hängt zwar von der Masse des zu bewegenden Teils ab (die Normalkraft steckt ja in der Gleichung), jedoch ist der Betrag der Reibung immer nur so groß wie die drückende Kraft (in unserem Beispiel die Kraft F).

Wir können jedoch unterschiedlich stark an der Kiste schieben, ohne dass sie sich bewegt. Es muss also unterschiedlich große Reibungskräfte geben, die alle Haftreibung verursachen. Tatsächlich gilt das Coulombsche Gesetz nur, unmittelbar bevor die drückende Kraft eine Bewegung verursachen würde. Die Coulombsche Reibung ist also immer die maximal auftretende Haftreibung. Es gilt:

- im Bereich der Haftreibung: $R_{\text{Haft}} \leq R_{\text{Haft,max}} = \mu_H \cdot N$
- im Bereich der Gleitreibung: $R_{\text{Gleit}} < R_{\text{Haft,max}}$

Lösung zum Beispiel

Wir lösen dazu ein **Beispiel** im Video. Wie groß darf die Kraft F maximal sein, sodass sich die Kiste der Masse m nicht bewegt?

Reibung kann auch ohne äußere Kräfte wirken. Das ist gut so, andernfalls könnte niemand von uns einen Hang hinaufgehen!

7.2 Reibung in der schrägen Ebene

Sehen wir uns die folgende Masse liegend auf einer schrägen Ebene an. Die Ebene ist geneigt mit einem Winkel α.

Kraftzerlegung an Schräge

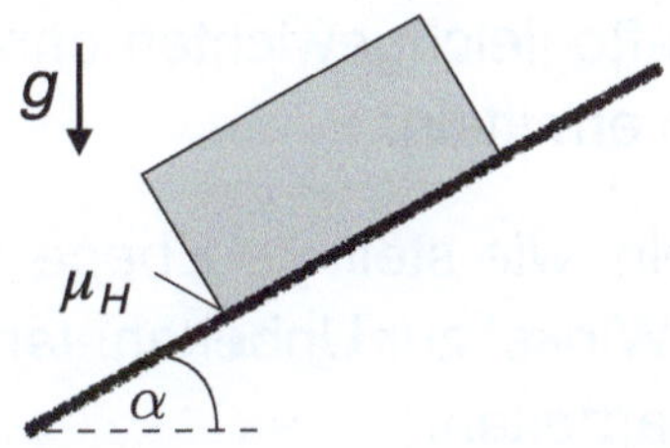

Welche Kräfte wirken hier?

- Die Gewichtskraft der Masse wirkt parallel zur Erdbeschleunigung F_G.
- Die Normalkraft N steht senkrecht auf der Ebene (deswegen heißt sie ja Normalkraft). Sie wirkt also nicht parallel zur Gewichtskraft, verhindert aber trotzdem ein Versinken der Kiste in der Ebene.
- Die Gewichtskraft muss eine zweite Komponente an der Masse verursachen, wenn die Normalkraft kleiner als sie selbst ist: die Masse wird mit einer Hangabtriebskraft A die Ebene herunter gezogen.
- Zwischen der Masse und der Ebene herrscht Haftreibung F_R.

Der Freischnitt ist in der nebenstehenden Abbildung dargestellt.

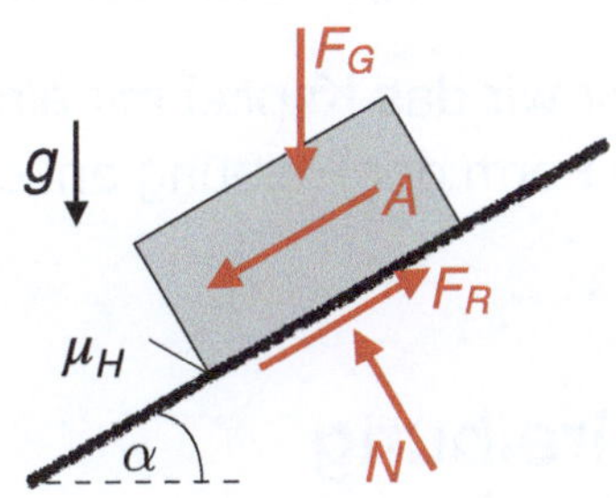

Da wir nur die Masse der Kiste und den Neigungswinkel der Ebene kennen, benötigen wir Trigonometrie zur Berechnung der anderen Komponenten.

Dazu hilft uns die folgende Darstellung:

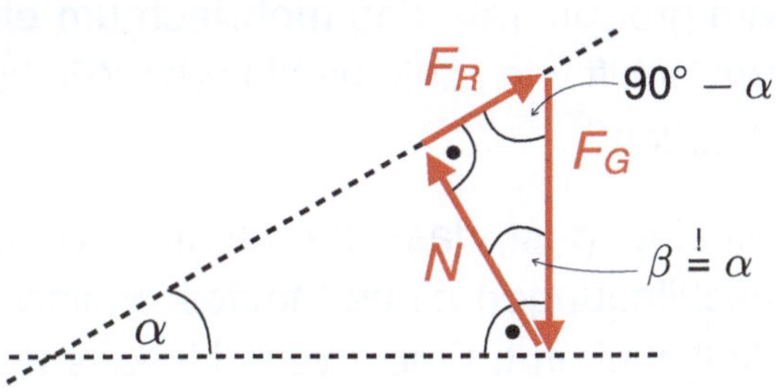

Mit Hilfe dieser Zeichnung können wir zwei Gleichgewichtsbedingungen aufstellen. Dabei stellen wir die Bedingungen in Richtung der Ebene und senkrecht zur

Ebene auf. Das erleichtert uns die Arbeit.

$$(1) \quad F_R = F_G \cdot \sin(\alpha)$$

$$(2) \quad N = F_G \cdot \cos(\alpha)$$

Wir können also aus den Kräftegleichgewichten ohne das Coulombsche Gesetz unmittelbar die Unbekannten ermitteln.

Wollen wir jetzt noch ermitteln, wie steil die Ebene höchstens sein darf, sodass kein Gleiten auftritt, wird der Winkel zur Unbekannten. Wir müssen dann doch mit dem Coulombschen Gesetz arbeiten:

$$(3) \quad F_R = \mu_H \cdot N$$

Wir setzen Gleichung (3) in (1) ein

$$\mu_H \cdot N = F_G \cdot \sin(\alpha)$$

und ersetzen die Normalkraft mit Gleichung (2):

$$\mu_H \cdot F_G \cdot \cos(\alpha) = F_G \cdot \sin(\alpha)$$

Daraus folgt durch Kürzen der Gewichtskraft F_G

$$\mu_H = \frac{\sin(\alpha)}{\cos(\alpha)} = \tan(\alpha) \Rightarrow \alpha = \tan^{-1}(\mu_H)$$

der gesuchte kritische Winkel α, bei dem die Kiste gerade noch nicht rutscht.

Bevor wir das Kapitel mit einem Beispiel abschließen, schauen wir uns eine andere Form der Reibung an: die **Seilreibung**.

7.3 Seilreibung

Seilreibung

Seilreibung macht sich der Mensch oft zu Nutze, beispielsweise in der Schifffahrt. Wird ein Schiff mit einem großen Tau, das mehrfach um einen Poller gebunden ist, befestigt, löst sich das Schiff von allein nicht mehr. Wie kann ein Tau um einen Poller ein ganzes Schiff halten?

Das erstaunliche an Seilreibung ist, dass sie mit einer zunehmenden Anzahl an Umfassungen bzw. Umschlingungen eines Mastes, Pollers oder anderer runder Gegenstände exponentiell zunimmt. Eine zweite Umfassung des Seils kann also eine Vervielfachung der wirkenden Reibkraft bedeuten.

Legen wir ein Seil um einen Zylinder mit einem Umfassungswinkel α und einem Haftreibungskoeffizienten μ_H gilt für das Verhältnis der Seilkräfte:

Euler-Eytelwein-Gleichung:

$$S_2 = S_1 \cdot e^{\mu_H \cdot \alpha}$$

für $S_2 > S_1$.

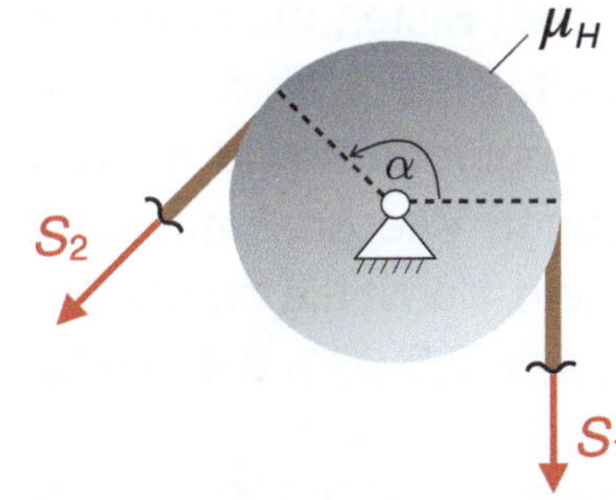

Dabei ist S_2 die größere der beiden Kräfte, da S_1 mit dem Term $e^{\mu_H \cdot \alpha}$ multipliziert werden muss, damit die Kräfte im Gleichgewicht stehen. Damit muss S_2 die belastende Kraft sein, es wird also eine Bewegung im Uhrzeigersinn verhindert und die Seilreibung wirkt gegen den Uhrzeigersinn. Über diese Überlegung können wir uns bei jeder Aufgabe schnell klarmachen, wie das Gesetz zur Seilreibung aufzustellen ist!

Der Umfassungswinkel α muss im Bogenmaß angegeben werden. Das ist die Länge des Kreisbogens, die durch den Winkel in einem Einheitskreis mit Radius 1 entsteht. Die Umrechnung vom Gradmaß (*deg*) ins Bogenmaß (*rad*) erfolgt mit:

$$rad = deg \cdot \frac{\pi}{180^\circ}$$

Zur Vertiefung von Haft- und Seilreibung folgen einige Videobeispiele und eine Übungsaufgabe zur Kombination beider Fragestellungen.

7.4 Aufgaben

Videobeispiele: Reibung

a) maximaler Winkel gesucht

b) maximale Kraft bestimmen

A.7.1 An einer masselosen Kiste greift eine Kraft F unter einem Winkel α an. Bekannt: $\mu = 0{,}5, F = 5$ kN.

Lösung

a) Berechne die Haftreibungskraft für einen Winkel $\alpha = 20°$.

b) Wie groß darf der Winkel werden, so dass sich die Kiste gerade noch nicht bewegt?

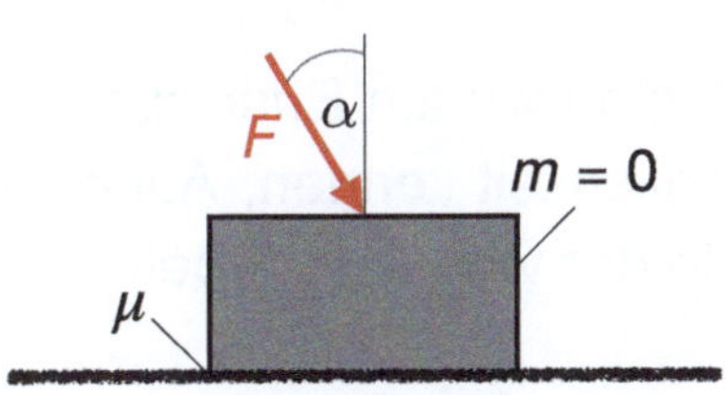

Lösung

A.7.2 Zwei Kisten mit den Massen m_1 und m_2 sind wie dargestellt aufeinandergestapelt. Kiste 1 ist dabei durch ein Seil verankert und an Kiste 2 ist über eine reibungsfreie sowie masselose Umlenkrolle ein Gewicht mit der Masse m_3 angehängt. Wie groß muss die Gewichtskraft der angehängten Masse mindestens sein, damit die zweite Kiste herausgezogen wird? Bekannt: $G_1 = 60$ N, $G_2 = 100$ N, $\mu_1 = 0{,}3$, $\mu_2 = 0{,}4$, $\alpha = 25°$.

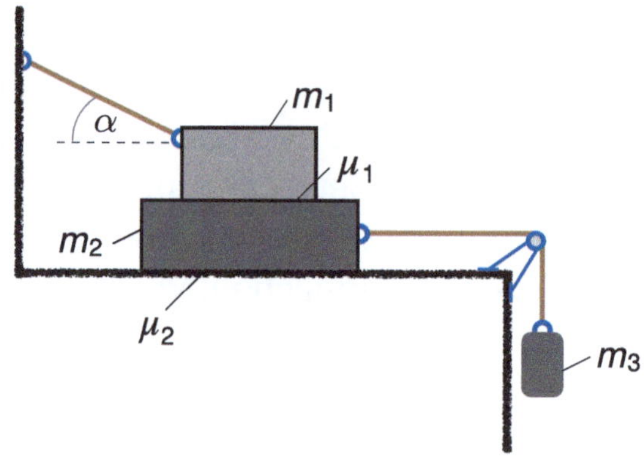

Vorüberlegung

Lösung

A.7.3 Gegeben sei das nachfolgende System. In dieser Aufgabe tritt neben der Haftreibung an der Kiste auch Seilreibung auf. Bekannt:
$m_1 = 50$ kg, $\alpha = 20°$, $\beta = \gamma = 30°$, $\mu_1 = 0{,}6$, $\mu_2 = \mu_3 = 0{,}2$, $g = 10\frac{\text{m}}{\text{s}^2}$

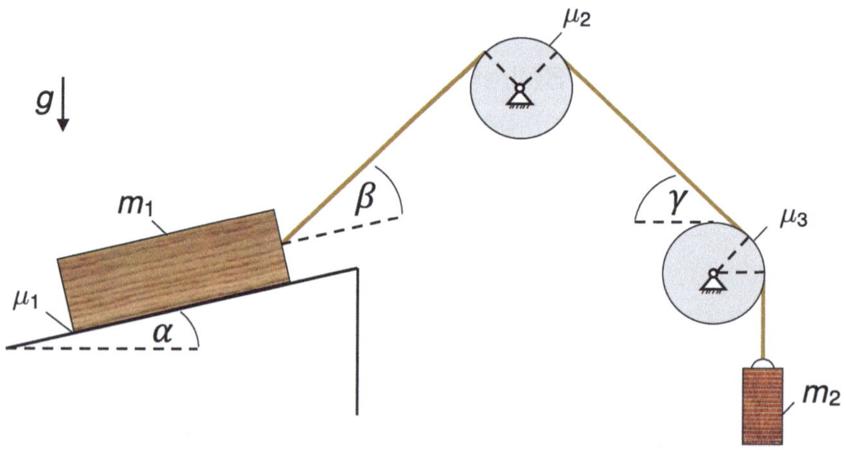

Wie schwer muss die Kiste mit der Masse m_2 sein, damit die Kiste mit der Masse m_1 gerade nicht nach

a) oben und

b) unten rutscht?

Damit sind wir am Ende dieses Kapitels. Im letzten Kapitel lernen wir eine zweite Möglichkeit kennen, Auflagerreaktionen in einem System zu berechnen: das Prinzip der virtuellen Arbeit.

8 Das Prinzip der virtuellen Arbeit

In diesem Kapitel lernst du...

- ein neues Verfahren zur Berechnung von Größen kennen, mit denen
- Auflagerreaktionen und Momente berechnet werden können.

Das Prinzip der virtuellen Arbeit ist ein theoretisches Konzept zur Berechnung von Auflagerreaktionen. Um das Prinzip der virtuellen Arbeit anwenden zu können, benötigen wir einige Grundlagen:

- Die Arbeit A ist eine Kraft, die entlang eines Weges verrichtet wird (Arbeit Nm, sprich Newtonmeter). Um Arbeit zu verrichten, müssen wir etwas mit einer Kraft F entlang eines Weges s bewegen.

Das Prinzip der virtuellen Arbeit beruht auf einer gedachten Bewegung (in der Statik steht das System ja still), die

- in Wirklichkeit nicht vorhanden ist,
- unendlich klein ist (das werden wir für die Trigonometrie benötigen) und
- geometrisch zulässig ist.

Das klingt zunächst wenig verständlich. Wir schauen uns ein Beispiel an.

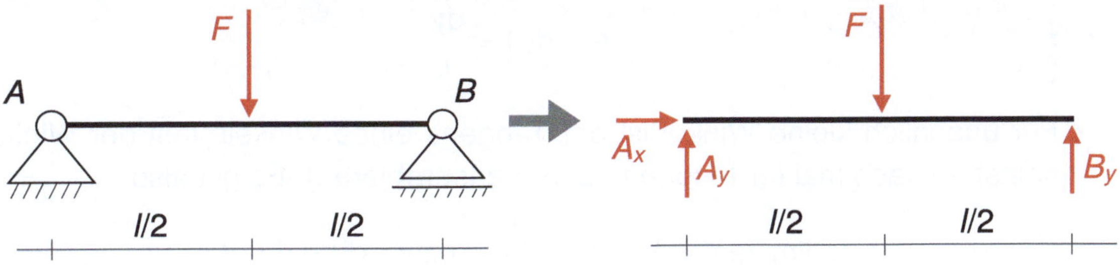

In diesem Balken soll mit Hilfe des Prinzips der virtuellen Arbeit die Auflagerreaktion im Loslager bestimmt werden. Hierfür gehen wir folgendermaßen vor:

- Lösen der Lagerreaktion, sodass die gesuchte Auflagerreaktion das System verschieben kann.

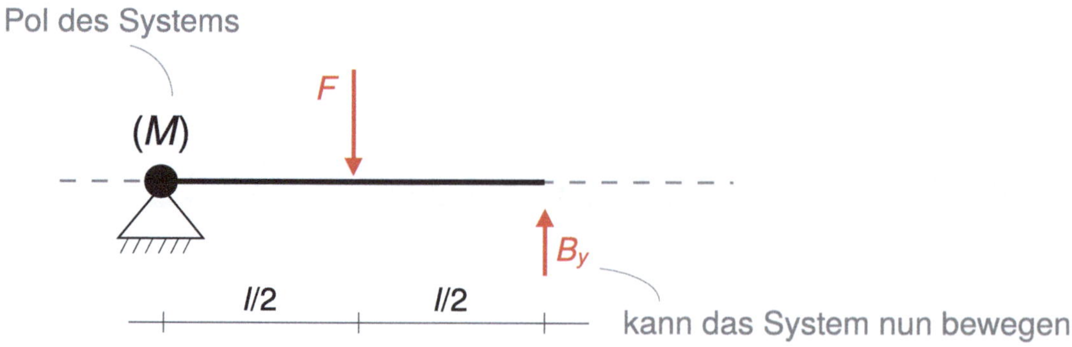

- Die Auflagerreaktion kann den Balken nun um das linke Festlager drehen. Es entsteht eine Verdrehung des Balkens. Da die Verdrehung unendlich klein ist, bildet das entstehende Bild ein rechtwinkliges Dreieck mit einer unendlich kleinen Verdrehung $d\varphi$ und einer translatorischen Verschiebung dv.

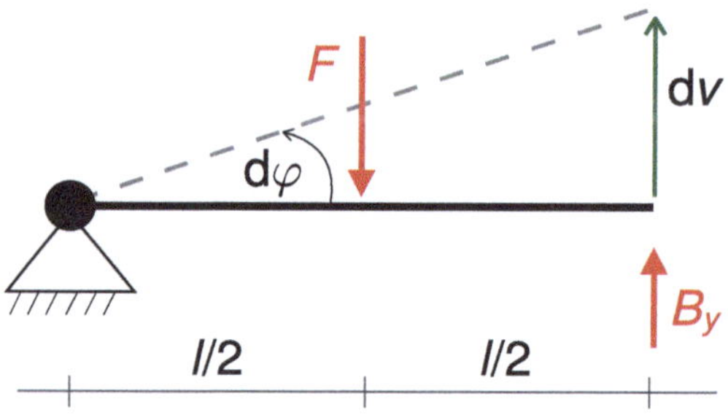

- In der Differentialrechnung haben wir gelernt, dass unendlich kleine Änderungen mit einem d wie in $d\varphi$ oder dv dargestellt werden. Die unendlich kleine Verdrehung hilft uns, die Trigonometrie eines rechtwinkligen Dreiecks zu benutzen. Bei einer realen Verdrehung würde sich die Verschiebung des Loslagers auf einer Kreisbahn bewegen und es würde kein rechtwinkliges Dreieck entstehen. So können wir den Tangens aufstellen, um Verdrehung und Verschiebung über den Polstrahl l zu verbinden:

$$\tan(d\varphi) = \frac{dv}{l}$$

- Für unendlich kleine Winkel ist der Tangens eines Winkels fast der Winkel selbst (einfach mal im Taschenrechner ausprobieren). Es gilt also:

$$\lim_{d\varphi \to 0} \tan(d\varphi) \approx d\varphi = \frac{dv}{l} \quad \text{bzw} \quad dv = d\varphi \cdot l$$

Damit haben wir eine Gleichung gefunden, mit der wir die Auflagerreaktion im Loslager bestimmen können.

8.1 Vorgehen

Wir stellen das Vorgehen zur Anwendung des Prinzips der virtuellen Arbeit auf und nutzen dabei unsere Vorarbeit aus dem vorherigen Abschnitt.

1. Lösung einer Lagerung, sodass die gesuchte Kraft das System verschieben kann (Es gilt dann: $f \neq 0$).
2. Aufstellen des Polplans zur Bestimmung der Drehpunkte (Pole des Systems).
3. Verschiebungsfigur unter Verwendung unendlich kleiner (infinitesimalen) Verdrehungen $\mathrm{d}\varphi$ und Verschiebungen $\mathrm{d}v$.

Diese Schritte haben wir bereits oben im Beispiel angewendet. Nun geht es weiter.

4. Aufstellen des Prinzips der virtuellen Arbeit. Dabei handelt es sich um eine Gleichung, die direkt verwendet werden kann.

$$\mathrm{d}A = \sum F_i \cdot \mathrm{d}v_i + \sum M_i \cdot \mathrm{d}\varphi_i \stackrel{!}{=} 0$$

Wir bilden also die Summe aus den im System wirkenden Kräften multipliziert mit den Verschiebungen, die sie auslösen, sowie den Momenten multipliziert mit den Verdrehungen, die sie auslösen. In unserem Beispiel sieht das wie folgt aus:

$$\mathrm{d}A = -F \cdot \mathrm{d}v_1 + B_y \cdot \mathrm{d}v_2 \stackrel{!}{=} 0 \tag{8.1}$$

Die gedachte Arbeit $\mathrm{d}A$ der im System wirkenden Kräfte muss Null sein, da ja tatsächlich keine Verschiebung stattfindet.

5. Lösen der Gleichung: Wir nutzen den geometrischen Zusammenhang von Verschiebung und Verdrehung, den wir aus der Verschiebungsfigur ermitteln können. Mit Hilfe des Strahlensatzes können wir sagen, dass die Verschiebung $\mathrm{d}v_1$ nur halb so groß wie die Verschiebung $\mathrm{d}v_2$ ist.

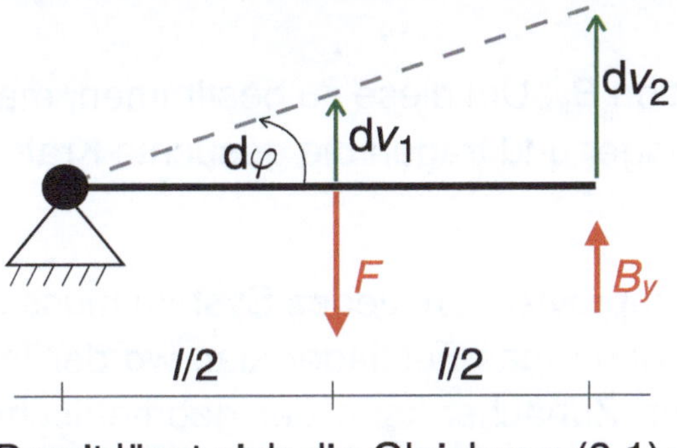

Es gilt:

$$\mathrm{d}v_1 = \mathrm{d}\varphi \cdot \frac{l}{2} \text{ und } \mathrm{d}v_2 = \mathrm{d}\varphi \cdot l$$

$$\Rightarrow \mathrm{d}v_1 = \frac{1}{2}\mathrm{d}v_2$$

Damit lässt sich die Gleichung (8.1) wie folgt umschreiben:

$$-F \cdot \mathrm{d}\varphi \cdot \frac{l}{2} + B_y \cdot \mathrm{d}\varphi \cdot l = 0$$

Wir klammern nun die infinitesimale Verdrehung aus:

$$\mathrm{d}\varphi \cdot \left(-F \cdot \frac{l}{2} + B_y \cdot l\right) = 0$$

Ein Produkt ist Null, wenn mindestens einer der Faktoren Null ist. Da die Verdrehung $\mathrm{d}\varphi$ unendlich klein, aber nicht Null ist, muss der Ausdruck in der Klammer Null sein. Es folgt

$$-F \cdot \frac{l}{2} + B_y \cdot l = 0 \quad \Rightarrow \quad B_y = \frac{F}{2}$$

Biegemoment

Damit haben wir die gesuchte Auflagerreaktion im Loslager berechnet. In einteiligen Systemen ist die Anwendung des Prinzips der virtuellen Arbeit einfach, weil die Verschiebungsfigur in der Regel schnell erstellt ist, aber wesentlich umständlicher als die normale Vorgehensweise Kapitel 3. Soll mit Hilfe des Prinzips der virtuellen Arbeit das Biegemoment bestimmt werden, müssen wir einen Trick anwenden. Das zeigen wir im nebenstehenden Video.

Zur Vertiefung üben wir das Prinzip der virtuellen Arbeit zum Abschluss anhand eines mehrteiligen Systems.

Beispiel Bestimme die vertikale Auflagerreaktion des unteren Lagers B mit Hilfe des Prinzips der virtuellen Arbeit.

Bekannt: $F, \overline{M} = F/a, a, \alpha = 45°$.

Wir arbeiten einfach den Fahrplan zur Berechnung von Lagerreaktionen ab, um die Lösung zu erhalten.

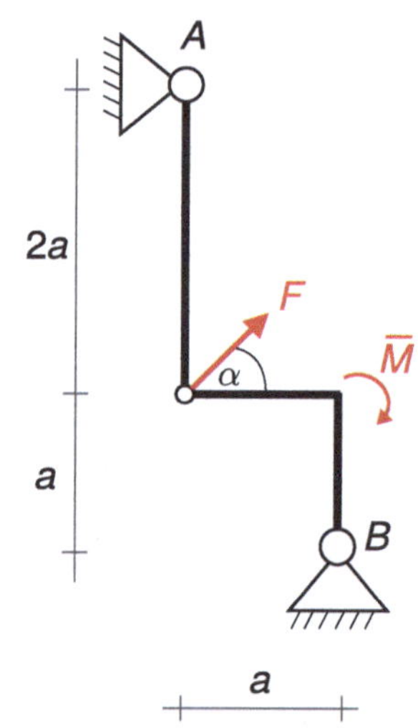

1. **Bindung lösen**

   Gesucht ist die vertikale Lagerreaktion B_y. Um diese zu bestimmen, machen wir aus dem Festlager in B ein Loslager und tragen die gesuchte Kraft ein.

2. **Polplan**

   Für den Polplan müssen wir etwas improvisieren. Jedes System muss einen Pol haben. Bei System 2 ist sofort durch das Festlager klar, wo der Pol ist. Bei System 1 ist es etwas kniffliger. Zunächst kann der geometrische Ort beim Loslager eingetragen werden. Dann bedient man sich der Regel 5, um ein verschiebbares System zu erschaffen. Dazu erzeugen wir einen zusätzlichen geometrischen Ort, der Pol (2) und den Zwischenpol (1,2) verbindet.

Dies ist ein geometrischer Ort von System 1! Der Schnittpunkt der beiden geometrischen Orte ergibt den Pol von System 1. Das System ist nun verschiebbar.

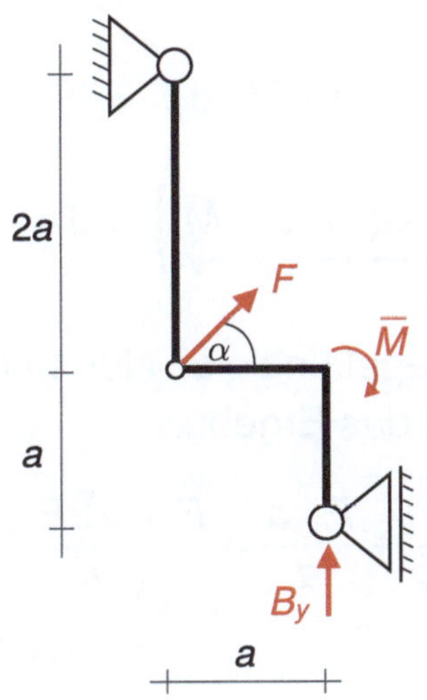

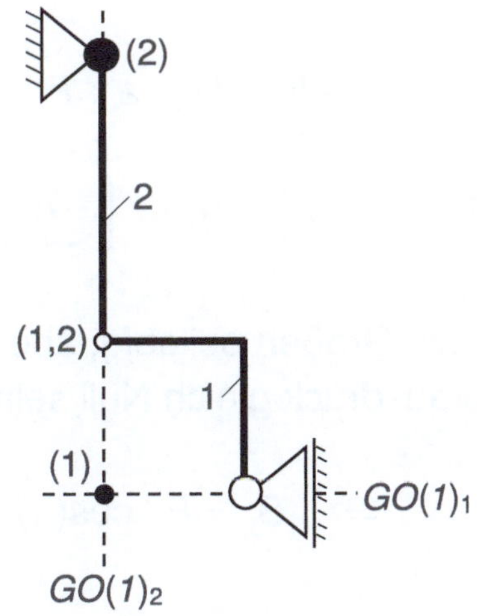

3. **Verschiebungsfigur ausgehend vom Polplan zeichnen**

   Bei mehrteiligen System sollte immer der Zusammenhang zwischen den verschiedenen Verdrehwinkeln $d\varphi_i$ hergestellt werden. Dazu schauen wir uns den Zwischenpol (1,2) an, der von beiden Polen aus verschoben werden kann. Es gilt:

$$d\varphi_2 \cdot 2a = dv_C = d\varphi_1 \cdot a \quad \Rightarrow \quad d\varphi_1 = 2 \cdot d\varphi_2$$

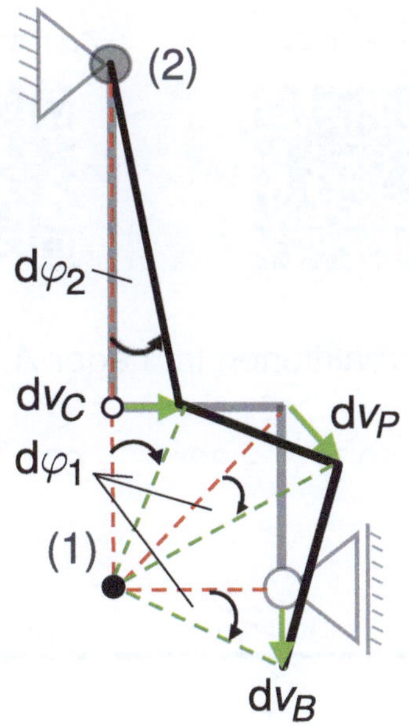

4. **P.d.v.A. aufstellen**

$$dA = -B_y \cdot dv_B + F \cdot \cos(\alpha) \cdot dv_C + \overline{M} \cdot d\varphi_1 \stackrel{!}{=} 0$$

5. **Gleichung lösen**

   Im Gleichgewicht muss dieser Ausdruck gleich Null sein. Nun die Gleichung in Abhängigkeit von nur einer virtuellen Größe umstellen und diese Ausklammern.

$$-B_y \cdot \mathrm{d}\varphi_1 \cdot a + F \cdot \cos(\alpha) \cdot \mathrm{d}\varphi_1 \cdot a + \overline{M} \cdot \mathrm{d}\varphi_1 = 0$$

$$\mathrm{d}\varphi_1 \cdot \left(\underbrace{-B_y \cdot a + F \cdot \cos(\alpha) \cdot a + \overline{M}}_{=0} \right) = 0$$

   Da virtuelle Größen beliebig, aber in der Regel ungleich Null sind, muss der Klammerausdruck gleich Null sein. Es folgt das Ergebnis:

$$\Rightarrow \quad B_y = F \cdot \cos(\alpha) + \frac{\overline{M}}{a} = \frac{F}{\sqrt{2}} + \frac{F \cdot a}{a} = \frac{F + \sqrt{2}F}{\sqrt{2}}$$

8.2 Aufgaben

Videobeispiele: P.d.v.A.

a) Einteiliges System

b) Mehrteiliges System

c) Schnittmoment

d) Gelenkkräfte

Lösung

A.8.1 Berechne die Auflagerreaktionen im Lager A mit Hilfe des Prinzips der virtuellen Arbeit. Bekannt:
$F_1 = 50$ N, $F_2 = 100$ N, $F_3 = 150$ N, $\alpha = 30°$, $\beta = 60°$, $\overline{M} = 200$ Nm, $l = 1$ m

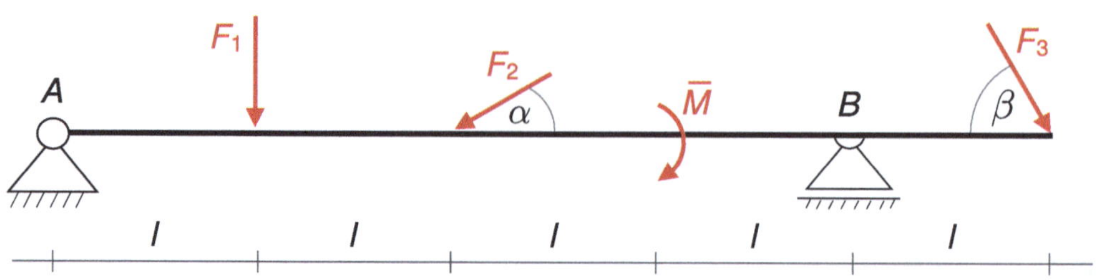

A.8.2 Berechne die horizontale Auflagerreaktion im Lager B mit Hilfe des Prinzips der virtuellen Arbeit. Bekannt:
$F = 200$ N, $\alpha = 45°$, $\overline{M} = 100$ Nm, $l = 2$ m

Lösung

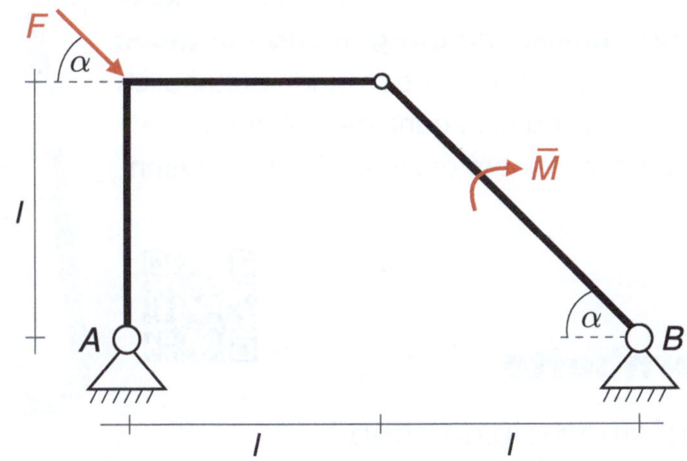

A.8.3 Berechne die horizontale und vertikale Auflagerreaktion in Lager A mit Hilfe des Prinzips der virtuellen Arbeit. Bekannt:
$F = 70$ kN, $\overline{M} = 20$ kNm, $\alpha = 40°$, $\beta = 22°$, $a = 1{,}8$ m

Lösung für Kräfte

Lösung für Biegemoment

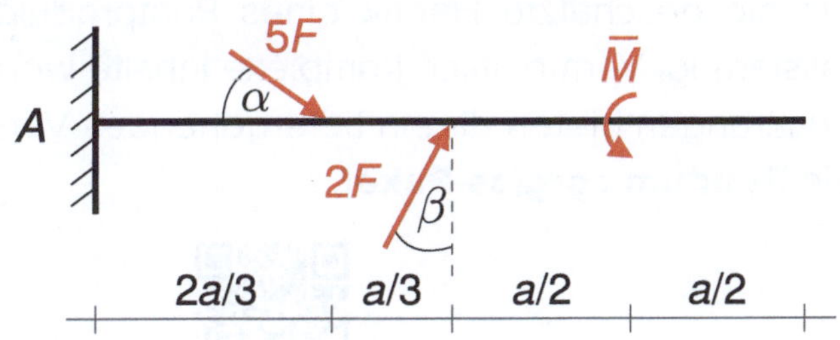

Damit sind wir am Ende des Heftes angelangt. Wir hoffen, dass dir das Heft gefallen hat. Falls du Fragen oder Anmerkungen zum Heft hast, sende uns diese gerne an *verlag@studyhelp.de*. Wir wünschen dir weiterhin viel Erfolg bei der Prüfungsvorbereitung!

Ausblick

Bisher haben wir Kräfte berechnet, die in starren, also unbeweglichen Körpern wirken. In der *Festigkeitslehre*, unserem Technischen Mechanik 2, lernen wir elastische (also lineare, umkehrbare) Bewegungen aufgrund unterschiedlicher Belastungsformen kennen und berechnen, ob das System diese Belastungen auch erträgt.

zum TM2-Lernheft